信息设计：产品综合设计表达

许　坤　孙　晶　刘雪飞◎著

图书在版编目（CIP）数据

信息设计：产品综合设计表达/许坤，孙晶，刘雪飞著.
—北京：知识产权出版社，2016.8

ISBN 978-7-5130-4395-3

Ⅰ.①信… Ⅱ.①许… ②孙… ③刘… Ⅲ.①产品设计
Ⅳ.①TB472

中国版本图书馆CIP数据核字（2016）第196129号

责任编辑： 高 超　　**责任校对：** 董志英
封面设计： 陈俊元　　**责任出版：** 刘译文

信息设计：产品综合设计表达

许 坤 孙 晶 刘雪飞 著

出版发行： 知识产权出版社有限责任公司　　**网　址：** http://www.ipph.cn
社　址： 北京市海淀区西外太平庄55号　　**邮　编：** 100081
责编电话： 010-82000860转8383　　**责编邮箱：** morninghere@126.com
发行电话： 010-82000860转8101/8102　　**发行传真：** 010-82005070/82000893
印　刷： 天津市银博印刷集团有限公司　　**经　销：** 各大网上书店、新华书店及相关专业书店
开　本： 720mm×960mm 1/16　　**印　张：** 8.5
版　次： 2016年8月第1版　　**印　次：** 2016年8月第1次印刷
字　数： 140千字　　**定　价：** 88.00元

ISBN 978-7-5130-4395-3

前言

PREFACE

重方法而非技法

今年是我从事高校教学工作的第11个年头，这本书也成为10年成果汇报的一个重要组成部分，如期而至。

产品专业的学生和初期从业者具有较好的三维空间造型能力，是耐得住寂寞、熬得了夜、拼得出创意、创得成佳作的潜力精英，但往往因为“羞”于表达而变成隐形精英。设计师应具有将优秀的创意思路与设计作品进行沟通和传播的欲望，进而实现较好的综合设计表达。

表达，首先要将无形的概念有形化，然后是将有形的内容塑型化。这是一个逐层显现的信息可视化历程，是所有设计门类都必须经历的设计表达历程。所以全书从表达内容着手，首先讲述信息的可视化和信息量的处理问题，在了解信息可视领域的应用与方法的前提下，再对产品设计开发过程中涉及的各环节展开具体讲述。书中关于产品综合设计表达部分包含四个方向，即将脑中思维跃然纸上的“图解思考”章节；综合讲述工业设计活动各环节汇报需求的“设计表达”章节；产品完成并面向市场推广的“视觉传达”章节；产品体验与信息反馈指导再设计的“用户体验”章节。最后落点为回归生活，从生活中汲取创新的灵感，即学会聆听、用心过滤！

创新且有序地组织信息是一件依据内容灵活解构的设计过程，不能用模版或技法等困住思维，师法自然、博采众长、融会贯通即可针对各类信息实现精准、有效的视觉传达。

许坤

目 录

Contents

第1章

信息设计：信息的可视化传达

- 信息设计的需求趋势
- 信息图与网络信息可视化
- 信息可视化传达的设计应用

1 提纲摘要

第一节　信息设计的需求趋势

一、初识信息的可视化传达

二、信息交流史上重要的革新

三、信息交流的需求趋势

1．技术革新下的全球化

2．无处不在的数据

3．从树状逻辑到网络思维

4．绘制网络图

第二节　信息图与网络信息可视化

一、信息图的要素

a．吸引眼球、心动共鸣

b．信息明晰、精确传达

c．去粗取精、简单易懂

d．视线流动、构建时空

e．摒弃文字、图解表达

f．“KISS”

二、网络信息可视化的基本原则

a．始于发问、驱动前行

b．多因素分析、寻找关联性

c．考虑时间、解读动态

d．丰富图形语言、善用分组呈现

e．先概览、再放大过滤、最后看细节——逐渐呈现

第三节　信息可视化传达的设计应用

第一节 信息设计的需求趋势

一、初识信息的可视化传达

借助图像语言简化诠释复杂的信息内容，即为信息的可视化传达。它是信息关系的脉络梳理，也是无障碍沟通的时空桥梁。

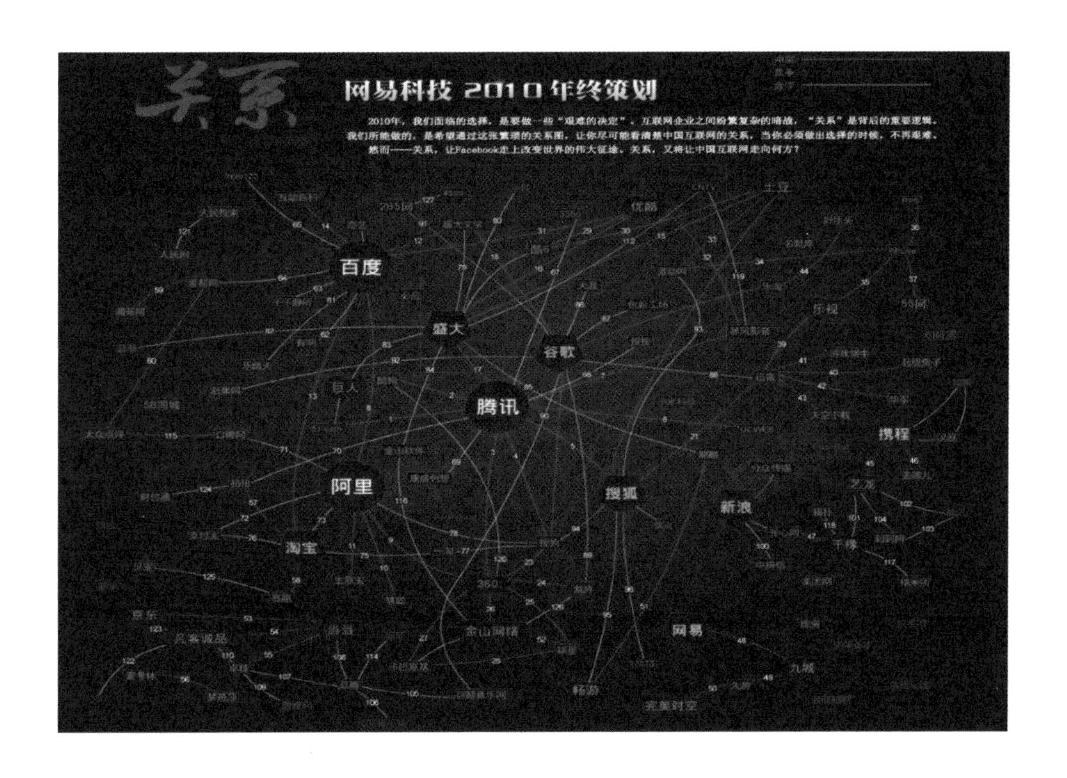

图1.1　关系:网易科技2010年年终策划❶

❶ 关系:网易科技2010年终策划[EB/OL].http://teach.163.com/special/2010end/#z.

如图1.1所示，网易科技在2010年年终总结时，将互联网企业之间纷繁复杂的暗战关系进行梳理，绘制“关系”背后的重要逻辑，使其在面临选择时不再艰难。

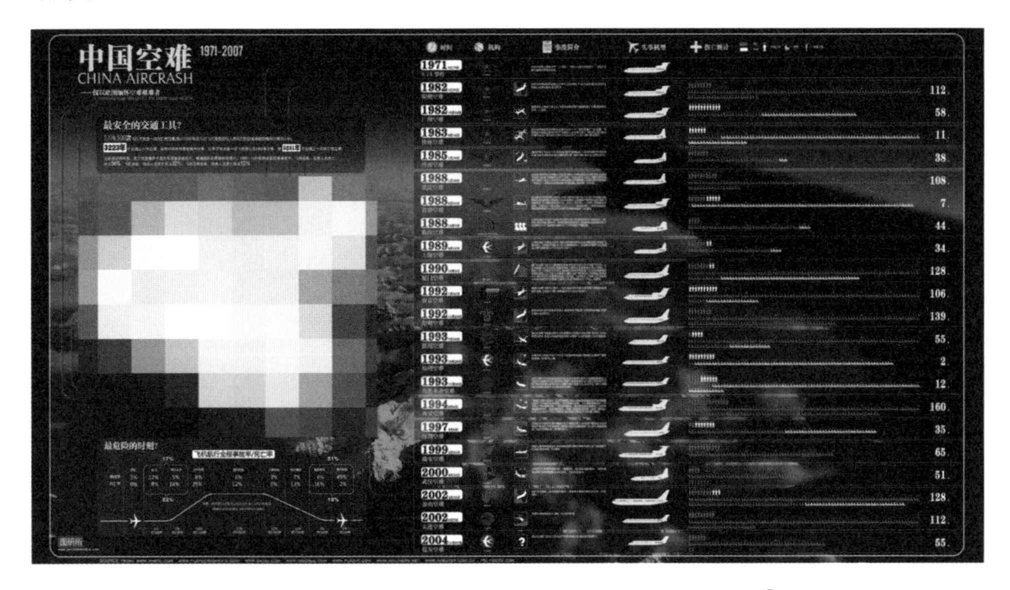

图1.2　中国空难大事件图解（1971—2007）❶

如图1.2所示，依据中国地图与航线路径进行绘制，具体列举了事件时间、航空机构、事故介绍、失事机型和伤亡统计，甚至在如此一张画面中还清晰记录了死亡与幸存比、伤亡人员身份等信息。为中国客运航空发展史留下了“一张”重要文件。

WAL★MART®

图1.3　沃尔玛早期LOGO❷

❶ [EB/OL].[2013-07-10].http://www.360doc.com/content/13/0710/05/7868987_298840538.shtml.

❷ [EB/OL].http://www.walmart.com.

确切地说，图1.3所示内容应为其企业战略计划:WAL+MART。意为“全球战略为目标的超级市场”，配以®的商品标识，霸气十足，将一家世界级企业的野心昭示无疑。当然该品牌的最新LOGO设计圆润且具有亲和力，也是突出其以用户体验服务为目标的全新战略。

综上略览，信息设计是依托平面设计和数据统计为基础的交叉学科和交叉艺术，是人们对信息进行处理的技巧和实践，通过信息设计可以提高人们应用信息的效能。信息的可视化传达就是以创建各种图形来转化原始的信息形式，使之更容易被理解。

二、信息交流史上重要的革新

● 革新——洞穴壁画和原始岩刻：世界上最早的拥有超过30000年历史的肖维岩洞有着世界上最古老的洞穴壁画群。在中国古遗址上发现的距今8000多年的历史刻画符号都是最早的视觉传达案例。洞穴壁画大多展现的是原始人狩猎生活的场景。岩画中的各种图像，构成了发明文字以前，原始人类最早的“文献”。岩画不仅涉及原始人类的经济、社会和生活，同时，岩画还作为人类的精神产品，以艺术语言打动人心。（如图1.4所示）

图1.4　远古洞穴壁画:马古拉洞穴[1]

[1] 全球五大史前洞穴壁画，见证史前艺术（图）[EB/OL].[2008-09-16].http://teach.QQ.com.

● 革新——象形文字：人类创造视觉形象的历史已有数千年，但能被我们识别的第一种文字直到公元前3000年才被苏美尔地区的人们所创造，这个位于美索不达米亚平原的地区被称作“文明的摇篮”。象形文字来自于图画文字，是一种最原始的造字方法，图画性质减弱，象征性质增强。埃及的象形文字、苏美尔文、古印度文以及中国的甲骨文，都是从原始社会最简单的图画和花纹中独立产生出来的。中国纳西族所采用的东巴文和水族的水书，是世上现存仍在使用的象形文字系统。（如图1.5，图1.6所示）

图1.5 古埃及的象形文字[1]

图1.6 活着的象形文字——东巴文[2]

[1] 古埃及象形文字图片[EB/OL].[2015-09-25].http://www.taopic.com/tuku/201509/731472.html.

[2] 韩明峰摄于丽江古城，2011年10月。

● 革新——早期绘图法:绘图法是一门关于绘制地图的艺术学科，其历史可以追溯到文字出现之前的人类，地图是人类最早的信息设计形式之一。18世纪50年代，约翰·斯诺（John Snow）绘制了一张标示霍乱疫情病人所在位置的图表，并通过该图表找到了霍乱疫情源头。

● 革新——图表与曲线图:虽说最早的洞穴壁画、原始岩刻和地图的确切绘制时间难以考证，但是历史学家却能够说出发明图表和曲线图的人的名字。现代图表和曲线之父——威廉·普莱威尔（William Playfair）是一名工程师和政治经济学家，为了让受众更加容易理解纷繁复杂的数字，从而创造了线形图、条状图和饼状图来代替以前的数据。这使得受众更加清晰明了地知道数据之间的对比关系。可以说图表和曲线的出现大大地增进了信息设计的发展。

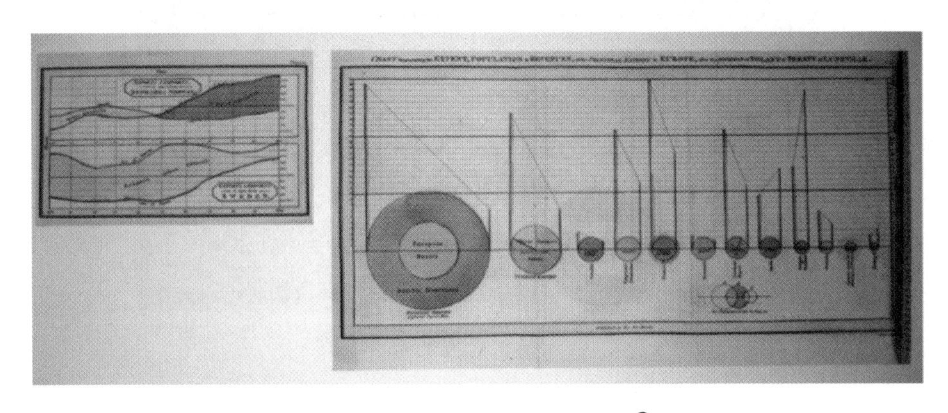

图1.7　最早的图表与曲线图[1]

● 革新——ISOTYPE图像符号:1925年奥图·纽拉特发表经过系统化设计的图画文字——“ISOTYPE”（International System of Typographic Picture Education）国际图画文字教育体系，这是一次开发系统化设计的图画语言尝试。希望透过系统化的图像来取代文字，形成一种世界共通的语言，但是最后由于印刷工艺的局限性而失败了，然而他的影响却没有停止。现在用于公共场所的标识符号都是由“ISOTYPE”演变而来。他对信息设计在图形符号上的发展起到了

[1] 美国宾夕法尼亚大学古籍善本图书馆，作者:威廉·普莱威尔。

颠覆性的革新和推动作用。（如图1.8所示）

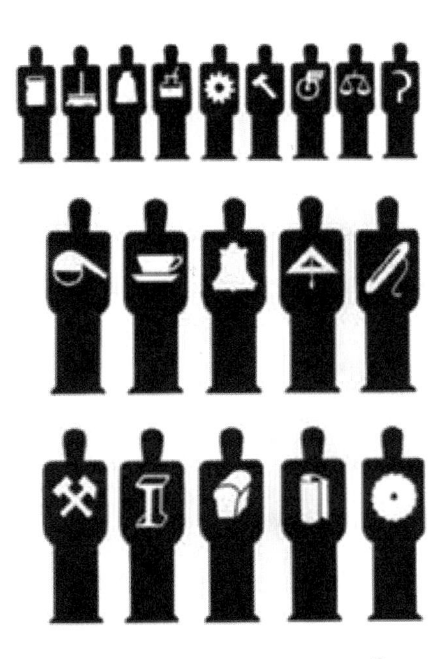

图1.8 早期的Isotype作品[1]

● 革新——构建信息指南:捷克的现代设计大师拉吉斯拉夫·苏特纳尔（Laslav Sutnar）被认为是信息设计的先驱之一。

● 革新——互动展览:最早的互动展览可以追溯到IBM曾委托一对夫妇，设计其工业博物馆。其中主题为“数字，数字生活及其升华”的展览，将枯燥的数学关系以多种互动体验方式生动有趣地呈现。

● 革新——先驱者镀金铝板:先驱者探测器是第一个离开太阳系的人造物件。先驱者镀金铝板是一块载有由人类发出的讯息的镀金铝板。装嵌在探测器上天线的主柱之下，用以保护其不受太空尘所侵蚀。板上刻有一男一女的画像及一些符号用以表示这艘探测器的来源。这段讯息将会在星际间漂浮，是星际交流与时空交流的载体。（如图1.9所示）

[1] [EB/OL].http://www.360doc.com/content/07/1128/13/9934_854613.

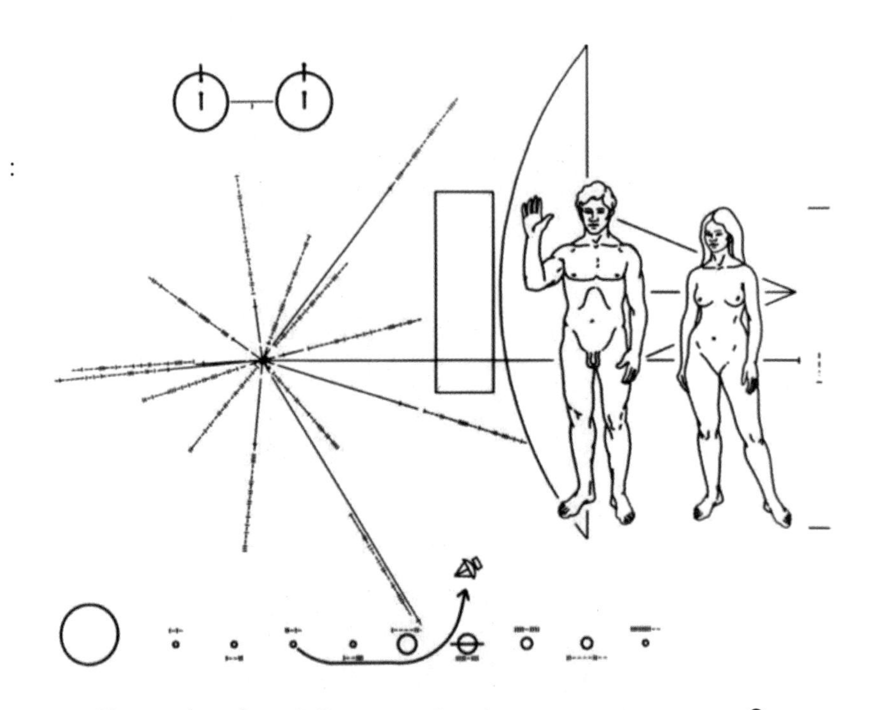

图1.9　先驱者10号航天器侧壁图案——先驱者镀金铝板[1]

● 革新——可视语言工作室:20世纪70年代，英国伦敦的平面设计师特格拉姆第一次使用了“信息设计”这一术语。当时使用该术语的目的仅为区别于传统的平面设计与产品设计等平行设计专业。从那时起，信息设计就真正地从平面设计中脱离出来。信息设计的主旨是“进行有效能的信息传递”，与提倡“精美的艺术表现”的平面设计确立了不同的发展方向。穆里尔·库铂（Muyiel Cooper）是被称为20世纪最有影响力的设计师之一，她的作品，以及她在麻省理工学院媒体实验室的可视语言工作室极大地帮助了我们构建当代的数字体验。

● 革新——第一个网站:计算机通过电话线和调制解调器相互通信的历史已经有50年了。最初的网站雏形开启了信息时代全新的篇章。

● 革新——APP的应用普及:21世纪伴随智能手机的硬件发展应运而生的手机应用程序，是Application的缩写，即手机应用软件。目前发展到了可以和电脑

---

[1] 先驱者10号[EB/OL].http://baike.so.com/doc/6714899-6928943.html.

相媲美的程度，开启了移动互联网的应用普及时代。

● 革新趋势——今天对信息设计的需求:技术革新下的全球化。

三、信息可视化的需求趋势

1. 技术革新下的全球化

科技发展至今，人与人之间的沟通方式已随着科技条件的发展产生巨大的转变，即世界在变小客户面却在扩大。如图1.10所示，书信可以实现一个人与另一个人之间的信息沟通；一本书可以实现一个作者与多位读者之间的信息传播；一个收发基站可以实现一类人的信息中转；而如今的时代笼罩在互联网的全交互信息媒介下，人与人无论相识与否皆可实现信息的互换。全球化悄然而至，并继续推动下一次的技术革新，是当今信息设计的理解目标和社会需求。

图1.10　图解信息传播方式的变化[1]

[1] 简·维索基·欧格雷迪，肯·维索基·欧格雷迪.信息设计[M].南京:译林出版社，2009.

2. 无处不在的数据

从1969年人类通过阿帕网实现两台电脑之间发送并接收第一条信息至今。仅仅数十年，互联网已渗入我们生活的方方面面，它是人类构建的最伟大最复杂的系统之一。如今海量网站承载着海量数据，数据与数据关系的优化推动着互联网向模拟人脑“神经化”的方向转型。美国政府率先推出了官方数据公开网站Data.gov，已成为数据共享潮流的风向标。无处不在的数据将抛弃以往集中式、文本式的传播模式，进行更广泛的信息互动和关联。

3. 从树状逻辑到网络思维

> 从古至今，我们应用树状图呈现了数以万计的主题。到了现代，这些树状图的衍生品继续成为计算机系统内部结构的一部分，引导计算机浏览、过滤信息、使用嵌套结构组织文件。
>
> ——曼纽尔·利马（*Manuel Lima*）

但是这种将所有信息都归纳为一套中枢系统的“万能逻辑”在今天这个信息爆棚的时代就稍显乏力。因为他的趋中心化限制了思维的多元化与多向性延伸，并不能够包容所有的内容和关系网。

而人类面临的问题，大到城市规划、星际迷航，细至人脑细胞间的奥秘探索，这些都无法经由树状结构的逻辑模型进行描绘、分析，我们迫切地需要寻找全新的思维表达方式来更全面地诠释信息模型。

> 不要再提树状模型了，也不要再迷信所谓树、根和胚芽概念了。我们饱受其苦，不堪其扰。树状模型几乎统治了人类的所有学科，生物学、语言学无一幸免。在这个单调的、毫无活力的系统中，像地下茎、气生根和块茎这样平常的事务也能让人大惊小怪，除此之外，再无更加引人入胜的事物存在了。
>
> ——吉尔·德勒兹（*Gilles Deleuze*）与菲力克斯·伽塔利（*Felix Guattari*）

4. 绘制网络图

今天的网络图大致分为图示绘图和网络可视化两个领域。前者主要涉及数学图示，而网络可视化则不限于简单的数学几何结构，是在由一系列节点和连线为基础的关系脉络基础上，应用设计方法绘制出清晰易懂的网络图示。网络可视化既可以清晰、简化地阐明系统的关系与重要维度，也可以用来记录并描绘未知系统的信息，将其存档，有助于未来知识结构的构建。在网络图中，我们还可以推导出系统中隐藏的规律，在此基础上展开扩展研究，再通过比喻、假设等手段将数据描绘成无实体存在的可被理解的抽象概念。

第二节　信息图与网络信息可视化

一、信息图的要素

信息图是一个合成词，是由信息和图形两个词组成，最初是指报纸、杂志、新闻等刊登的图解信息，后来信息图中会运用符合各种文化习惯的比喻等手法，以不同的表达形式来表现，使读者眼前一亮、更易理解，继而渐渐为各界重视，渗透于设计的各个环节。

信息图是信息设计学科的一个分支，它大致分为简单易懂且具有吸引力的表现形式和防止误解且具有功能性的表现形式两个方向。其最重要的一点是设计者能否理解读者的视角，理解其不同的文化背景并给予适合的表现形式，真正做到善解人意的设计。

a. 吸引眼球、心动共鸣

各色信息充斥着我们的生活，在如此庞大的信息量中，若想被看到或是被查阅到，就需要具有吸引人的特色，使人眼前一亮并产生共鸣。只有以此为目标，才会更好地驾驭图文结构，制作出更直观且易于理解的信息图设计案。

b. 信息明晰、精确传达

信息图应具有明确的信息传达目标和传达对象，即为谁而设计。若内容含糊不清，再好的图形语言也是徒劳。设计传达的意图应明确，它可以帮助你找到既独特且贯穿始终的视角，再结合图文构筑充分的表现力以传达内容的核心信息。

c. 去粗取精、简单易懂

每幅信息图可能都是由多条设计思路交汇而成，在这一过程中会汇聚大量信息，设计整理阶段就需要明确设计目标，进行整理与取舍，保留干净清晰的主线索，以实现不干扰目标信息的有效传达。

d. 视线流动、构建时空

人们在阅读版面时，存在相对成习惯的视线移动规律。我们可以根据这一共性的规律判断版面中最吸引眼球的焦点位置，放置重要的图文信息。同时，左上至右下的视线移动路线也会带给人由过去到未来的时空指引感，这些规律都可以帮助我们构建适应大众理解力的信息图。

e. 摒弃文字、图解表达

优秀的信息图应如同音乐般无国界限制，让不同文化背景的人都能理解并产生心绪的波动。只有这样的信息图本身才会成为一种不需要语言文字的新的沟通工具。尽量以图形信息作为沟通手段，需要首先读懂读者，加之作者强烈的表达意愿，最终实现有效的信息沟通。

f. “KISS”

“KEEP IT STUPID AND SMILE”让作品保持一点笨笨的引人发笑的共鸣，是信息图设计作品走入人心的重要原则。如果您的作品仅仅停留在清晰的交代目标内容、能看懂的普通图纸阶段，请您尝试一下“KEEP IT STUPID AND SMILE”，相信这样优化过的作品会焕发其全新的生命力，抓住读者的心并容易被记住。

二、网络信息可视化的基本原则

今天的可视化视觉传达已不仅仅局限于单幅或多幅的纸面空间，而更多的应用于信息化背景下的媒介平台上，诸如网络可视化的信息设计领域已渐渐作为主流方向被应用于各种信息展示平台，并成为信息设计史的爆炸期，开辟新的篇章。

a. 始于发问、驱动前行

定义问题至关重要。每一个项目工作的开展都应从一个问题出发，逐渐深化探索。在这一过程中，可能会遇到新的问题，再继续作为源头展开前行和探索。可视化的具体工作就是在一个个具体问题的驱动下为后续的工作明确目标再逐步推进的节奏中进行的。

b. 多因素分析、寻找关联性

多因素分析是诸多科学研究的必备方法。因为我们本身就是身处在由众多复杂因素构成的多元空间里的多元物种。面对诸多因素整合区分出重要关系是火眼金睛的可视语言工作者必须具备的重要职业技能。

关联是贯穿整个项目的线索，可视语言工作者的核心任务就是用最简洁的方式揭示关联性。依据项目的核心问题选择最适合的视觉呈现方式需要同时考虑终端用户的使用环境和需求，建立最易于理解、消化的高关联性转化，使其尽可能避免旁枝侧叶的无用干扰。

c. 考虑时间、解读动态

> 如果能合理纪录和表示时间这一维度，那么我们就会看到这个社会的完整动态变化。……网络是一种进化中的系统，它不断变化，不断适应新的环境。
>
> ——曼纽尔·利马（*Manuel Lima*）

时间是描绘任何复杂系统时都难以把握的变量，但同时时间也是变化最丰富的变量。社会结构的进化建立在时间的基础上，社会网络结构的进化也同样建立在时间的基础上。时间维度是存在于网络空间中的变量信息，在变化过程中，节点和连线不断增减，将其纳入网络信息可视化的认知范畴，其倍增的难度会达到难以想象的程度，但也是必须攻克的关键要素。

d. 丰富图形语言、善用分组呈现

由连线关系和关键节点作为核心元素构筑成关系图表是最常用的图表绘制方法。通常我们会借助颜色、形状、大小、方向、材质、色调、位置等视觉处理手段来表达线条和节点的重要性、所属类别及其功能，而互联网可视化还需要考虑该节点是否具有可交互性，是否与其他节点之间存在不可视的隐形关联关系。在互联网可视化环境下，节点同时具有可伸缩大小的交互性，会根据用户的需求承载可分层显示的信息量。

分组是区分系统中各信息之间异同关系的重要组成部分。它可以将点线归纳的元素关系进一步区分、归类、整理出主次及关联关系，可以更好地提高辨认度。

我们的目标是始终让用户能够理解最终设计的作品。这就要求设计者尽量减少用户记忆难度，尽量使用广泛应用的制图图例。所以，设计并推广应用易于理解的优秀图例也是网络可视工作者的使命。

e. 先概览、再放大过滤、最后看细节——逐渐呈现

网络图区别于纸面信息图的另一个特点是可视界面的比例可调性。如同网络地图的视角关系可分别呈现宏观“点状”缩略图、“点”与“点”之间的关联图、具体到“点”的微观视角展示信息图。从宏观到微观的三层展示关系将会更好地诠释各层级信息之间的逻辑关系。这是一种从全局到细节的综合视觉交互技巧，也是被普遍接受的一种视觉认知方式，是用户在网络信息中捕捉有效信息、自由浏览的隐形航标。

一直以来，网络可视化更多由后台数据开发人员来完成，重视数学和计算机算法。而从用户角度，我们需要更加重视最终效果的可用性和易用性，实现信息的有效传播。这就要求我们基于合理的设计原则和互动方式选择最适合的视觉呈现方式。该领域是一片有待开发的净土，值得我们共同努力、逐步开拓。

第三节　信息可视化传达的设计应用

KISS（Keep it Simple And Stupid）原则是信息化可视传达的魅力精髓。认知、交流和美学原则是基本方法。具有精准的可读性是信息呈现的目标，即容量整合、清晰、有效、可视传播……

我们以单幅页面广告为例了解一下信息可视化传达的应用。如图1.11所示，将男人和女人的需求列举，一句广告语“男人只需要一杯啤酒”，潜台词“这都不能满足吗”，简明、扼要、突出重点。如图1.12所示，将一箱饮料的立体效果印制在手提袋上，乍一看老人都可以轻易提起“一箱”行走，抓眼球的回头率和该饮料的热销效应均已实现。如图1.13所示，“Ctrl＋z”是电脑时代的新兴符号语言，看得懂该广告的受众人群具有共同的文化背景和年龄特征，潜台词是“一键到位，重返青春”。如图1.14所示，男孩儿在林间飞驰的舒适车厢里叠塔牌，虽然运用了夸张的手法，但却准确地描绘了潜台词“超强减震与舒适性”。

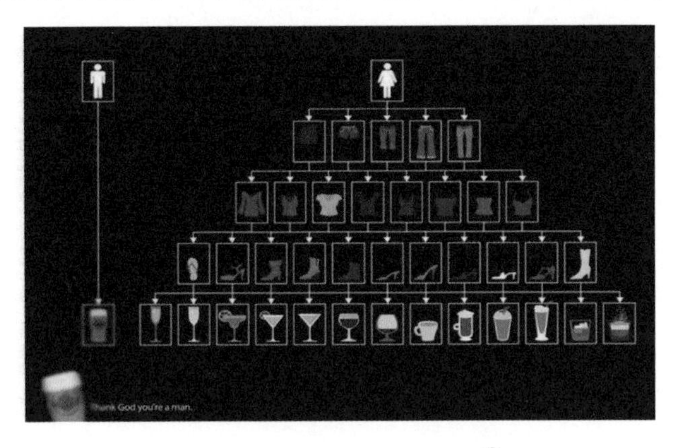

图1.11　某啤酒广告招贴[1]

[1] http://huaban.com/pins/71042140.

图1.12　某饮料包装袋[1]

图1.13　某化妆品广告[2]

[1] http://www.sj33.cn/Article/ggsjll/print/200912/21725.html.

[2] http://www.hx-h.com/blog/771.html.

图1.14　某汽车广告[1]

信息设计是一门跨界艺术，产品体验设计是其中的一门分支。从事信息可视化传达设计相关行业的设计师需要具备跨界合作的意识和从内而外的“KISS”心态。祖辈常说相由心生，让我们通过图1.15所示了解一下业界知名的用户体验设计大师的慈祥脸庞，那是由自由、幽默和爱心滋润出的面相，是我们每位未来行业先锋的榜样。

[1] http://www.cnad.com/html/Article/2011/1009/20111009144954587.shtml.

图1.15　业界知名的跨行业用户体验设计师

信息设计师是一群非常特殊的人，他们必须掌握设计师的所有技巧和才能，把它同科学家和数学家的严谨和解决问题的能力相结合，将好奇心、研究技巧和学者的固执心理融入他们的工作。

——特里·欧文（*Terry Irwin*）

第2章

容量整合：复杂信息量的提炼整理

- 大容量信息整合
- 复杂信息量的整合要点
- 数字信息与容量整合

2 提纲摘要

第一节　大容量信息整合

第二节　复杂信息量的整合要点

一、搭建结构框架：掌握进度、分类组织

a. 进度表

b. 栅格

c. 栅格系统

d. 分层

二、构建符号体系：应用图符、统一识别

a. 标记符号

b. 符号体系

c. 标志符号

三、组建导向系统：捕捉要点、梳理关系

a. 目录明细

b. 关键节点

c. 导向系统

四、精简：统筹瘦身、聚焦掌控

a. 果断删减

b. 图符提炼

c. 专注掌控

第三节　数字信息与容量整合

第一节　大容量信息整合

今天的全球化背景下，大容量信息充斥着人类社会活动的各个领域。图书管理、展会策划、大型体育赛事、互联网数据信息等。大容量信息量的暴涨速度和整合需求是很难用语言简单描述出来的，需要被整合为数据收于信息库。如图2.1所示，信息提取工作相当于在数以万计的图书馆里搜索“像素A”。大容量信息需要被收集、整理，以备日后有效翻阅和提取。如何将超级庞大的信息量便捷、有效地传达到需求者的信息库正是今天的数字化革新的需求。

图2.1　信息容量的可视传达[1]

---

[1] 简·维索基·欧格雷迪，肯·维索基·欧格雷迪。信息设计[M].南京：译林出版社，2009.

第二节　复杂信息量的整合要点

信息亭、数据显示屏、列表、曲线图、示意图、图表、进度表、时刻表、报道和手册全都属于信息设计的范畴，而且常常涉及大容量的复杂数据。信息设计师的任务，是将这个数据转换成容易消化的单元，从而使用户获得最佳体验。

——拉克什米・巴斯卡兰（*Lakshmi BhaskaYan*）

一、搭建结构框架：掌握进度、分类组织

在项目开始之初，首先规划出一套清晰可实施的结构，不仅有助于信息的组织管理，还可能在此过程中衍生出极具创意的设计方案。而这套撑起所有设计节点的结构系统本身也是设计。

创建面面俱到的工作进度表，在整个项目期间不时回头查阅，对它加以更新是一个必要的先决条件。……然而，他所要起的作用，是让你从一开始就能保持对进度状况的跟踪。如果项目的规模超过你以往涉足的项目，那么，这一点显得尤其重要。

——拉克什米・巴斯卡兰

a. 进度表：项目进度管理是指在项目实施过程中，对各阶段的进展程度和项目最终完成的期限所进行的管理。在此过程中，通常会成立进度控制管理小组，严格执行、反馈并调整工作制度。不论是针对个人设计师或是设计团队，都有助于确保大项目自始至终的连贯性。

b. 栅格：栅格结构是最简单最直接的空间数据结构，运用或选择适合的栅格组织空间内容，会易于合作且给总体设计带来视觉连贯性。值得一提的是以百科全书为首的平面纸媒已将栅格结构的运用达到了相当灵活的综合表达程度。报刊设计是运用栅格结构极为严格的一个领域。不仅仅体现在它可以提高工作效率，更要接受有限版面内图文信息的可读性验证，甚至一个微小的格式调整都可能引发各种不适的回应意见。如今的网页栅格的应用是从平面栅格系统中发展而来。如图2.2所示，设计精良的栅格布局可以更轻松地呈现文字和图片信息，并且可直接运用于电子媒体页面布局。

'IT'S REALLY CRAZY HERE'

[illegible]

HER CODE NAME: TRADEMARKED!

[illegible]

图2.2 运用平面栅格布局的电子媒体页面布局[1]

c. 栅格系统［Grid Systems］：也有人翻译为“网格系统”，是运用固定的格子设计版面布局，来指导和规范页面中的版面布局及信息分布，其风格统一、工整简洁。对于网页设计来说，栅格系统的使用可以让网页信息呈现美观易读性、更具可用性。并且可以为前端开发提供更加灵活与规范的空间和平台。图2.3介绍了网页栅格化的设计原理，根据页面的宽度，固定一个单元格和间隙的尺寸，统一调配整个页面的布局，再如图2.4所示，以此为模版展开设计。

[1] http://www.shangxueba.com/jingyan/2229401.html.

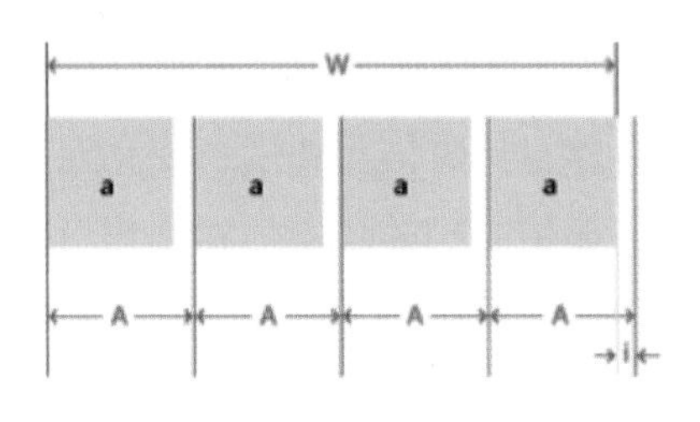

$$(A \times n) - i = W$$

A:一个栅格单元的宽度

a:一个栅格的宽度

A=a+i

n：正整数

i：栅格与栅格之间的间隙

W：页面/区块的宽度

图2.3　网页格栅化的设计原理❶

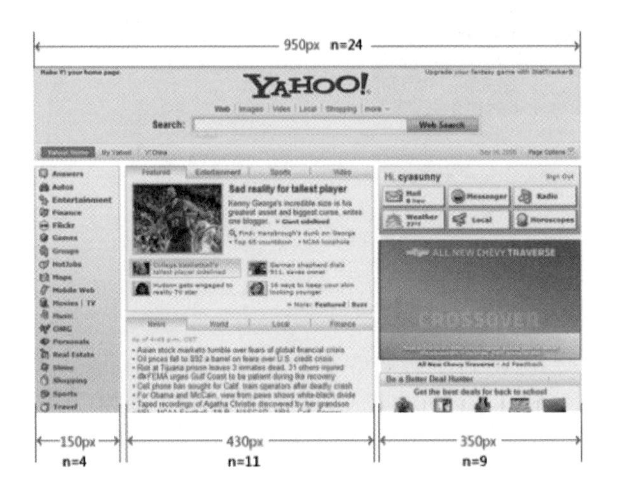

图2.4　网页布局中栅格应用图例❷

d. 分层：面对大容量的信息接收需要建立有秩序的、有主次的视觉分层结构，以实现最佳的效果。如图2.5所示，虽然纵向做了区间分隔，但其主要关系

❶ http://www.sj33.cn/jc/wyjc/wyll/200905/20078_2.html.

❷ http://www.sj33.cn/jc/wyjc/wyll/200905/20078_2.html.

体现在横向的层级讲解上。第一层应用着色的抽象图示列出原料清单，第二层将原料抽象成图形呈现调配后的状态，第三层讲述调配过程，至此完整地介绍了五款鸡尾酒的调配方法。

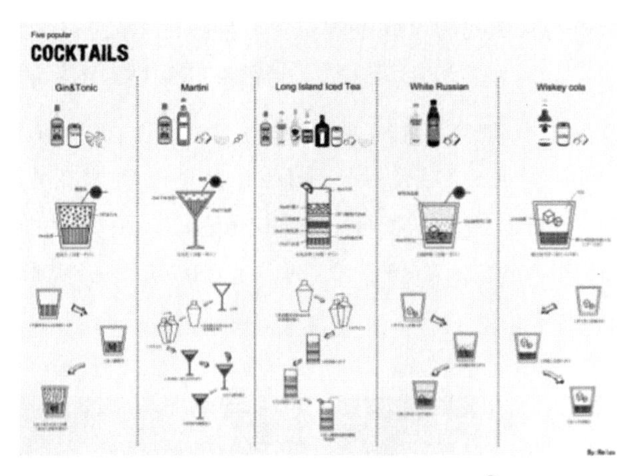

图2.5 鸡尾酒调配图解指南[1]

二、构建符号体系：应用图符、统一识别

符号化是指将实际问题转化为抽象问题，借助数学或艺术等语言载体进行提炼。符号可分为推理符号与表象符号，语言是一种推理符号，其他可归属为表象符号。

> 符号在处理庞杂内容时的用途是令人难以置信的……符号都起着直抵信息的捷径作用。
>
> ——拉克什米·巴斯卡兰

a. 标记符号：标记是项目进程或思考过程中不假思索的直观标记，是一种类似随笔的符号语言，可能暂时存在，以备后期的整理。这种自编符号的阶段在每个人认字之初都有体会。例如，刚入小学一年级的小学生会用各种自己编造的

[1] http://huaban.com/pins/1088985341.

符号记录课后作业，甚至过不了多久自己也会忘记，家长几乎无法理解，但孩子会诠释得生动有趣。由此可见，标记符号因个体差异不具备通用性，需要统一设计优化后才可在团队或受众面前应用。

b. 符号体系：拥有共同的家族基因是符号体系的首要特征，它们需要具有统一的尺寸、元素、定位、视觉处理手法等，目前在UI领域对图标的运用比较广泛。

c. 标志符号：标志是一个提炼后的单位，一个小小的标志符号可以同时解决信息传递、识别、辨别和形象传递等功能，其中易于识别和其背后承载的联想信息是成功的标志符号的基本特征。如图2.6所示，用剪断一半条形码和倒出半杯条形码液体的形式很好地诠释了“一半”的概念，条形码是商品扫价的一部分，也就很好地呈现了减价一半，即超市大减价的促销概念。

图2.6 符号化语言：某品牌超市大减价[1]

[1] http://www.sc115.com/shows/110350.html.

三、组建导向系统：捕捉要点、梳理关系

导向是一个由繁入简、又由简入繁的梳理过程。它既可以引导用户在众多信息可供选择的前提下不迷失坐标，又可以帮助系统创建者随时清晰地修改或衔接新的体系，以实现更有效的信息管理。

成功的导向系统能给用户带来迥然不同的体验，但对一个人奏效的东西未必是另一个人有用的，因此必须把它设计得能适合众多不同类型的人。

——拉克什米·巴斯卡兰

a. 目录明细：目录与明细是复杂系统导向的分层解决方案，是导向开始前的必修功课，也是信息梳理的基础目标。它可以不体现在目标项目的终点，但一定要由此撑起导向系统的框架。

b. 关键节点：关键节点需要为其内容建立能体现其概貌的文件，即抽象或具象的快照式语言。这些节点可以帮助庞大的系统搭建结构关系，辅助逻辑思考。

c. 导向系统：成功的导向系统包括关键节点和目录式系统。图解的思路是将抽象问题节点形象化处理，再统一元素形式组织到有限画面内，通过节点与系统的脉络关系，清晰可读地了解内容的关联因素。

四. 精简：统筹瘦身、聚焦掌控

精简即是一项瘦身运动，也是一项管理工程。例如时间管理就是其中重要的环节。

无论表现在经费、实践抑或理论上，精简是每个设计师在各自创作生涯的某个阶段都会面临的挑战，但对于那些致力于大容量项目的人来说，这样的“局限”正在日益成为老生常谈。诀窍在于不将它们视为对创作的制约，而是欣然接受各自面临的挑战

——拉克什米·巴斯卡兰

a. 果断删减：精简的直观印象是做减法，即修枝剪叶。要求有清晰的目标和主导方向，能够果断地筛除次要信息，将其暂存或筛检直至目标受众中所能容纳的最适合容量。该过程是梳理工作后的下刀环节，需要在通盘的基础上保持绝对的清醒和凝练掌控力，方可实现“果断”。删减掉的部分信息也可能瘦身隐含于图示内容中，为观者所理解。

b. 图符提炼：综上几条要点的综合运用基本可以实现精准筛检、提炼思路的目标，形成简洁明了甚至显而易见的可视化视觉语言。

c. 专注掌控：最值得一提的是在全程的精简过程中，要使庞大的内容信息得到有效的精简，至少要保持对某一个项目或区域的控制，并准确地了解掌握其细节。这样才能使通篇张弛有度，有聚焦有内容地阅读。

第三节 数字信息与容量整合

数字信息设计为大容量信息的查阅与展示提供了无限的可能。如图2.7所示，传统的实物目录式管理受空间和物理载体的限制。而如今的导航与搜索功能已经颠覆了容量的边界，打开全新的视野和设计需求。甚至承载信息的媒介也从平面阅读经视频阅读进化成交互式体验互动。如何从容应对涉及大容量信息的工程项目或展示信息，继而在未知的领域展开工作是信息整合的重点。

图2.7 实物档案目录存储方式

第3章 图解思考：产品概念模型的信息构建

- 应用图解进行设计思维与设计表达
- 思维导图
- 从抽象到具象的图解表达

3 提纲摘要

第一节　应用图解进行设计思维与设计表达

一、辅助交流、启发设计思维

二、图解分析、抽取设计要素

第二节　思维导图（图表——关系脉络）

一、思维进程的语法与图式

1．头脑风暴：发散式思维导图

2．关系梳理：推理式思维导图

3．分类整理：归类分组式思维导图

4．提炼输出：可视化思维图解

二、依托载体的分析与抽象速写：系统图、提炼简化、精选比较、汇总

第三节　从抽象到具象的图解表达（速写——思维浮现）

一、感知：一种目测技能

1．尺度　　2．比例　　3．空间切割

二、构思：图文起草

三、呈现：不同对象的阶段表达

1．分解图的构造和逻辑　　2．故事版

3．情境模拟效果图　　4．产品效果图

四、挑战：复杂结构超写实

1．观察是个慢工程

2．写实是个伪工程

3．复杂是个组工程

第一节　应用图解进行设计思维与设计表达

应用图解的显著优势是可以使设计沟通对象之间围绕图解达成共识，并以此为基础展开设计联想和思维碰撞，进而深化设计进程。图解式的思考与表达是一种设计本能，是一种全局化的、提纲式的信息图形化浓缩。

一、辅助交流、启发设计思维

当人们沉浸于思考时，表达能力会减退，反之，当人们追求华丽的表达时，思考的分量也会减少。我们只有通过图解等方式和手段简化表达的理解，才能为思考争取更多的时间。

图形化的思考与表达方式，减少了文字等庞杂信息量占用的脑容量，其组织和梳理的过程也是整理设计思路启发设计思维的过程。可以说，设计精良的图解信息图是可以展示问题的核心点和脉络并指导设计的。

二、图解分析、抽取设计要素

图解是一种将复杂信息简化的抽象手段，在帮助受众达到认知共识的同时也能够快速捕捉要素并加深记忆。在编辑图解的设计过程中，设计师需要从大量的文字描述中准确地抽取概念要素、关键词和组织结构关系，这是一个反复思考的过程。此时设计师脑中会生成多张“脑图”，并不断地比较分析各项元素之间的主次、强弱、大小以构筑出全新的概念图解。

图解的实际应用既包括脑思维的思维导图浮现，也包括从抽象到具象的设计表达，这是一个信息处理与图形处理双频道共同作业的思维应用，也是信息可视化与产品综合设计表达的交汇点，是本书跨领域结合的必然契合点。

第二节　思维导图

图解思考是通过眼、脑、手、速写四个环节相互作用、彼此加工以实现沟通目标的一种交流过程。这是一个递进加工又反复穿插处理信息的简化描述过程。在思维活跃期，信息可能瞬间布网、彼此交织，进而再梳理，这是思维创意萌发、绽放的绝佳时机。由此可见，设计师的草图并不仅仅是呈现视觉效果较好的设计想法，更重要的是展示出设计师的思考过程，进而实现在设计师团队共同工作的成员之间打开交流的渠道，方便达成共识。

图解思考的魅力还体现在将本不存在于脑中的视觉形象，跨时间提前勾勒出轮廓。客观、清晰地呈现于纸面载体，这是一种外在的思考。对于经常从事创新思考工作的人来说，这些可激发即兴机遇的设想过程非常重要。

> 设计进程可以看成是从含糊通向明确的一系列变化，其中相继的阶段往往以某种图解形式记录下来。在设计的最后阶段，设计师采用类如画法几何的严格图解语言。但是这种表现形式并不适用于开始各个阶段。那时，设计师采用快捷的草图和图解……由于在该阶段高度抽象的思维必须用可能有多种解释的、较随意的图解语言来表达。因此多年来一直沿用至今——这是一种私人语言，除了设计师本人谁也无法完全理解……当然，所需处理的高度抽象信息也并非不能采用明确限定的图解语言。那种能够正确记录任何程度的抽象信息的语言，正是设计师之间相互交流和合作的图解语言。
>
> ——朱安·帕布罗·邦塔（*Juan Pablo Bonta*）

这种“能够正确记录任何程度的抽象信息的语言”包括文字语言和图解语言两种元素，而两者之间无论是符号还是使用方式均有区别。文字语言是由词汇构成，连续的、有渐进顺序的；而图像、标记、数字、词汇等图解语言可同时空并存。当描述错综复杂的关系问题时，可共识的图解语言将发挥其独特的效能，这种图解语言需要借助更清晰通用的语法关系展开描述，所谓图解语言就是借用“语法关系”图解句子。

一、思维进程的语法与图式：头脑风暴、关系梳理、分类整理、提炼输出

> 思考者如掌握大量图解语言不仅可以较完美地表达自己的思想，也可以通过从一种图解语言转向另一种图解语言来调整思考中心……实际上就是运用图解语言来扩大思维领域。
>
> ——麦克吉姆（*McKim*）

这种“能够正确记录任何程度的抽象信息的语言”包括文字语言和图解语言两种元素，而两者之间无论是符号还是使用方式均有区别。如图3.1所示，简述了设计开始之初对信息收集、整理和输出的思维过程。

原点问题A

头脑风暴—梳理—分类整理

提炼输出X

图3.1　信息收集、整理和输出的思维过程

1. 头脑风暴：发散式思维导图

通常在头脑风暴萌发期会如图3.2所示，A为问题原点，X为目标输出点，由A出发可迸发出n条线索和联想点，在其中筛选出“2、4、7”作为继续扩展思路的新原点，继而在各自的分支中发现彼此关联作用的可能性，最终确认“H、D”的关联作用可以解决问题并创新出结论“X”。

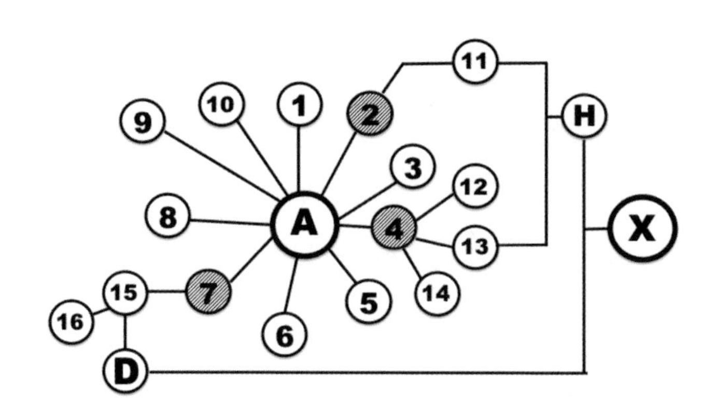

图3.2　发散式思维导图

2. 关系梳理：推理式思维导图

在信息推导梳理期会如图3.3所示，元素用圆圈表示、关系用连线表示，修饰词用变化的圆圈和线性表示，转折节点用空心小圆点表示。其中圈圈的粗细和阴影标注本体的差别，连线的粗细和虚实变化标注轻重关系的轻重与否。同时，该图解可被分解出多条语句：

（1）A是核心元素，与元素C之间关联较少，但是“C”这条思路在特定R2的作用下存在元素H，与输出目标X有重要关系；

（2）元素E一定要与元素B、元素F、元素M之间相关联并存在重要关系；

（3）未来可能存在的元素R一定会与元素C相关联并作用于元素F，形成新的可能性M；

（4）元素S、P、K在R1的情况下对核心元素A产生关联关系……

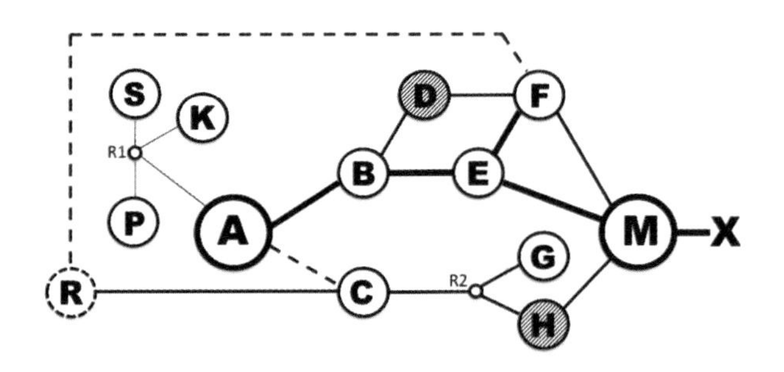

图3.3 信息推导梳理图

3. 分类整理：归类分组式思维导图

图解交流最具特性的用途之一是可以使信息多层次同时传递互动。通过认知心理学的记忆处理部分我们可以了解到，人的短时记忆通常以“7”以内为单位容纳不相关的信息元素，超负荷会导致混淆或遗忘。所以复杂信息需要编组帮助记忆，使其应尽量控制在7以内为单位进行信息处理。如图3.4所示的数字编辑符号分解就可以很好地帮我们记忆这组数字。

3608936517

[360] 893–6517

图3.4 减少记忆负荷的数字分组

要清晰易懂地表达复杂结构的交错关系时，首先要制定通俗易懂的规则，使其减少同时处理不同信息数量的困惑。如图3.5所示，由元素A为源头形成主脉络A-D的组织关系，其中借用方形与圆形进行了不同信息元素的分类，将数量众多的基础元素变得易读、易记、易处理。除实心与空心、实线与虚线的主次关系，还可看出D右侧规律排列的实心圆区别于A、B、C的关系规则，它所体现的是清晰的位置关系，同时D右侧圈出的虚线框区域也作为独立围合的组织关系存在。另外A-1与B-2之间形成了全新的不关联却并列的关系，也是易于理解的语法组织方式。

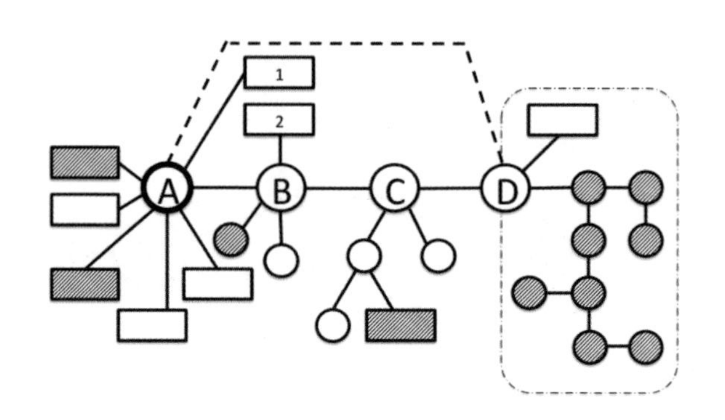

图3.5　复杂信息的类别及位置关系梳理

4. 提炼输出：可视化思维图解

图解是过程，是文章的段落提纲，每一篇好文都应配以简明扼要的标题诠释大意。如图3.6所示，可视光谱——Roy G Biv的命名是由各色彩英文单词的首字母组合而成，无论从颜色或是字母均可识别其光谱的排布规律。

ROY G BIV

图3.6　Roy G Biv可视光谱

综上所述，产品综合设计表达的实现阶段，统一语法关系的图解思考过程是必不可少的途经手段，是团队配合与创新的捷径，需要我们更好地掌握、补充、革新。

二、依托载体的分析与抽象速写：系统图、提炼简化、精选比较、汇总

分析是设计过程的起点。每一个设计项目都是存在于人与环境之间，由无数直接或间接的客观因素交织共生。这是一个庞杂的、分阶段递进的系统工程，这一工程从听闻那一刻起就必须经历信息量的加载与梳理，这种将信息抽象处理的过程就是分析。

……要分析，整体必须分解……如果选择了错误的分解方法，整体就会受到破坏，而正确的分解方法却可使结构物保持完整。翁焦尔认为有4种分解整体的方法：如同分解植物、动物或者某些无机物一样。可以随意割裂，从而产生一堆无联系的部件；可以按照预先确定的原则来分隔，而不考虑其内在的结构，这种分割代表合理的探索；显示可辨别的特性，诸如尺度、形式、色彩、连贯性等等，它代表了以经验为根据的一种探索；也可以按其结构的连接方式来分割整体。

——杰弗里（*Jeffrey*）、布鲁德本特（*Broadbent*）

分析的目标始终是围绕整体和局部的关系展开的。分析首先需要解决的就是整体的分解问题。了解整体的来龙去脉，实现合理的分解便掌握了接下来自由组织关系，彼此重组的基因基础。而分解需要恰到好处，需要把每一个要点都完整地保留。

● 系统图：设计中的问题一般都是由于功能解决不良或者体系遭受破坏所引起的，所以从系统着手，针对各部件及其相互关系是最行之有效的方法。例如，汽车是由众多部件关联构成的一个庞杂体系，各部件必须协调工作，才能发动引擎，假如在寒冷的冬天，汽车无法发动，原因可能是油管冻结、发动机功能故障、喷嘴锈蚀、分配器或电池故障、甚至可能是油箱没油、保修过期等。

● 提炼简化：删去对分析体系关键结构无关紧要的一切东西，突出主体。分组并将各部分以较少的符号标注，形成高度的概括分层。这样易于大多数人看懂，方便调整改进。

● 精选比较：通过对比或是强调的手法，将体系关系中的核心部分强调，奠定其视觉首要位置。应用同一种图解语言处理不同的体系，更有利于结构的比较。如图3.7、图3.8所示的优先权比较图就是一套抽象提炼的图解语言。

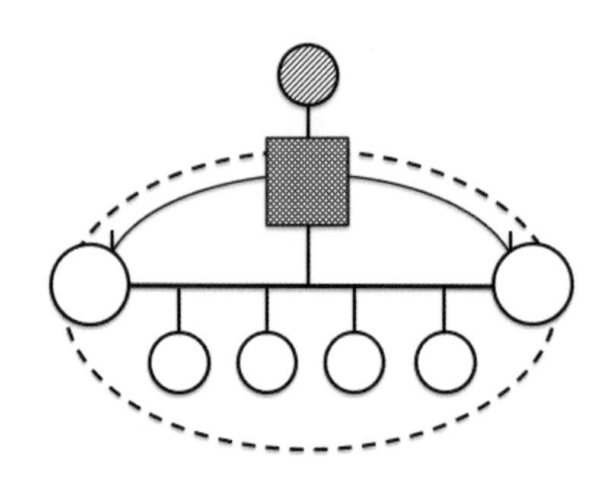

图3.7　复杂信息的整合提炼

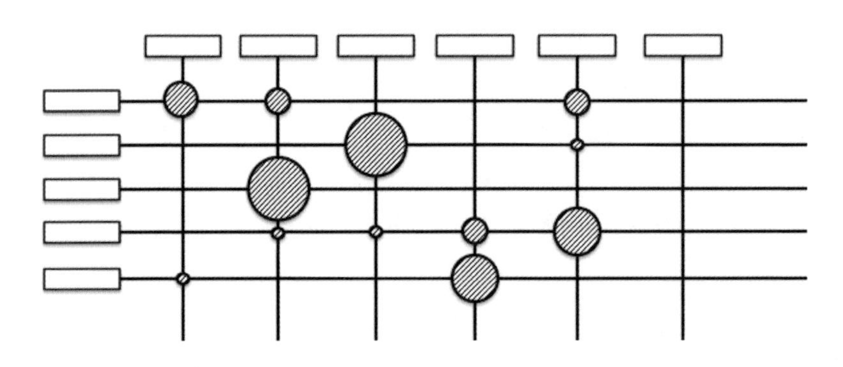

图3.8　优先权比较图

● 汇总：图解交流对小组工作的成败起重要作用。在此过程中，团队成员必须始终共享信息和设想。

第三节　从抽象到具象的图解表达

面对有限的内存资源进行增强时，要求设计师将未成形的创意在其消失之前放到纸张上进行快速检查。这些创意需进行评估、修改、增补从而确定是采用还是放弃，这样的话，这个过程就可以流畅地进行。

——凯文·亨利（*Kevin Henry*）

一、感知

一种目测技能。是对目标对象的心理认知和记忆判断。

1. 尺度：尺度是一种衡量的标准，它即泛指国际通用的尺寸、重量、温度等衡量标准，也同时存在一种不稳定的主观尺度标准，会经受空间、时间等因素影响干扰每一位个体或群体的判断。比如，宝宝爸爸永远买不对孩子的衣服尺寸；成年后不敢相信眼前是儿时记忆中的小学教室等。尽可能用心衡量出物理尺度是一种可训练出来的职业技能。

2. 比例：如图3.9所示，如果让我们默画出矿泉水瓶和可乐瓶，要想完全画准比例还是有难度的。这就需要我们反复地练“眼神”，争取在第一时间对目标对象的比例进行分析，辅助记忆。

图3.9　各年代典型物件草绘介绍图

3．空间切割：空间切割是一项立体造型游戏。能够掌握自由切割的空间想象能力，就会万变不离其宗。如图3.10所示，当我们遇到表达不清的造型关系时，只要将物体还原回基本元素正方体，并重新拼切分析便迎刃而解了。

图3.10　立方体切割

二、构思：图文起草

草图可以用来增强设计师的想象力并缓解容量有限的工作内存。

——芭芭拉·特沃斯基（*Barbara Tversky*）

草图速写是一种生成和共享创意的快速方法，通过这种方法，创意可以生成创意。将头脑中的思维浮现在纸面是一个图起草的过程。而起草之初我们要先确定产品的核心特点，以此为依据选取最优展示角度，即构图方向的把握。对于大多数产品通常会将重点讲述的面朝向正面，然后选择30度角左右的构图定位草图。在此基础上推敲形态，并运用设计师独有的线条风格进行构思与绘制。这是一项快速、及时、廉价、且可支配的创作过程，但同时也具有丰富性和模糊性等属性。

三、呈现：不同对象的阶段表达

1．分解图的构造和逻辑：经验认知能力通常指对形、体、结构关系的整体把控，手绘基本功的训练重心也应落在形体结构关系的清晰表达上。为避免“黑匣子”的频繁亮相，具备专业素养的工业产品设计师应了解产品结构的基本原理并使之与设计方案尽可能互相匹配或是共同创新。这也要求从业者能够绘制产品分解意向图，并在绘制过程中缕清其结构关系，并反映出其使用状态的逻辑关系如图3.11、图3.12所示。

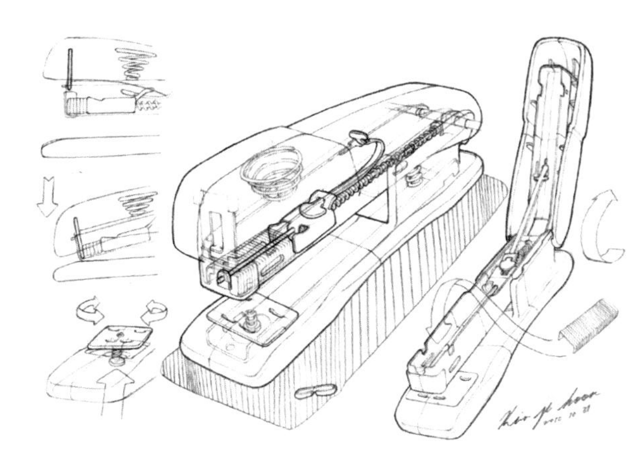

图3.11 产品结构图绘制示意图

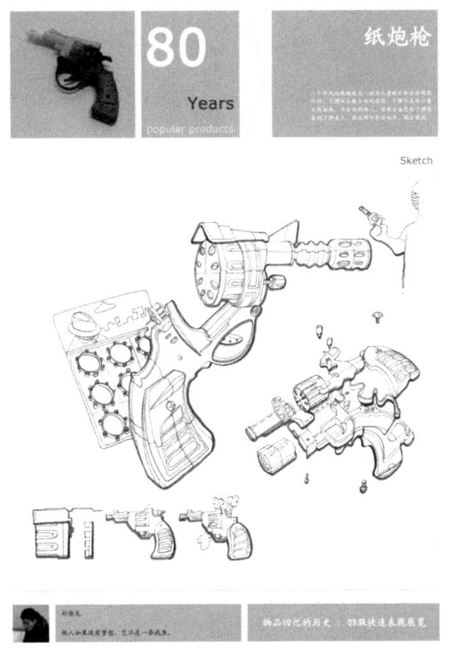

图3.12 20世纪80年代“纸炮枪”组装结构图绘制示意图

2. 故事版：故事版是产品使用情景描述的绝佳手段。在设计前期可以参照它了解用户行为及使用需求；在设计后期可以借助一张张分镜头将产品方案还原到使用情境中进行应用检验。一套好的故事版能传递出足量的信息，并使观者在此基础上发挥想象。如图3.13、图3.14所示，模拟家庭主妇清晨起床后家务清洁问题，在一系列场景模拟中发现问题的根源是窗外的空气质量，所以由此可以锁定目标产品预解决的核心问题不是打扫房间的工具，而是优化空气质量的创新产品。当然，故事版的绘制也有其需要特别注意的原则，即始终围绕产品与产品的使用方式展开描绘，每张图表达一个主题要素，切忌绘制成“漫画剧本”长篇累牍。

图3.13 情境模拟故事版

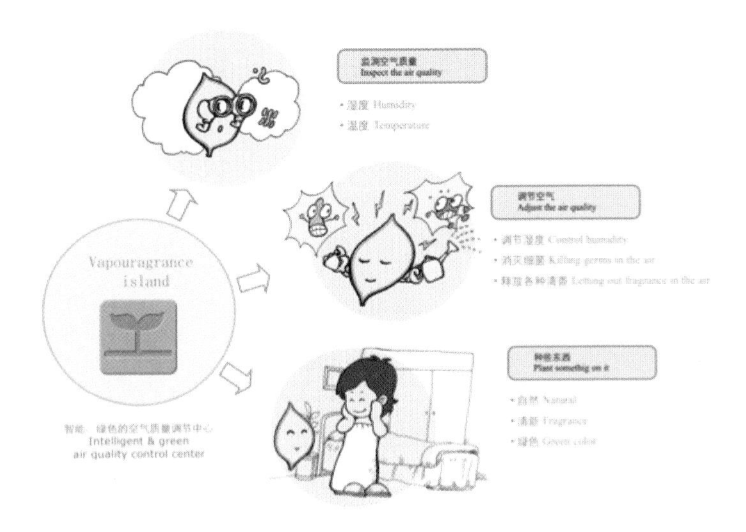

图3.14　设想目标产品的产品属性

3. 情境模拟效果图：组织情境相关素材共同渲染出产品的最佳使用情景，是产品讲解的无声的语言。情境模拟效果图通常可作为产品综合表达的主图出现，用一张图将观者带入产品的特殊应用情境，尝试以第一视角了解产品的创新点，使人产生可信服的真实存在感，同时也是产品评价不可或缺的部分，如图3.15所示。

图3.15　枪械产品模拟情境效果图

图3.16　风靡一时的手掌游戏机模拟情境效果图

4. 产品效果图：产品效果图的表现方式多种多样，其终极表现往往是三维渲染出真实产品模拟效果图。这类效果图需要对产品进行全方位、多角度的具体呈现，同时针对产品的核心创新点进行重点图解或细节放大，以更好地诠释作品。

另外，产品开发进程需要分阶段进行表达，每个表达阶段都可酌情设计效果图的呈现方式。如图3.17—图3.19所示，在产品提案阶段，完全可以用平面三视图或photoshop绘制二维效果图的方式进行表现，这样可以简化细节的干扰，用更短的时效清晰地表达方案的创意点。

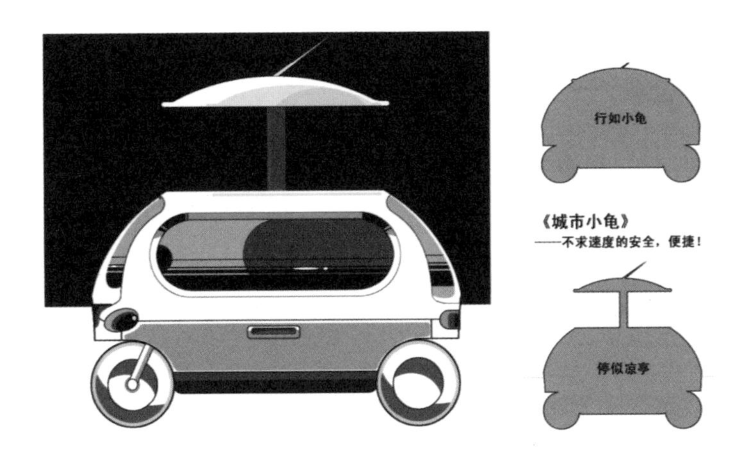

图3.17　用二维的方式概述产品特征

案例描述：城市小龟：基于三轮摩托底盘，进行短程载客交通工具设计。应用于城市的大型社区、旅游景点、交通枢纽站等。对称造型弱化速度感，用平和的心态驾驶，构筑城市的和谐、平安！如凉亭般停靠、候客，通风，更是城市一道独特的风景。

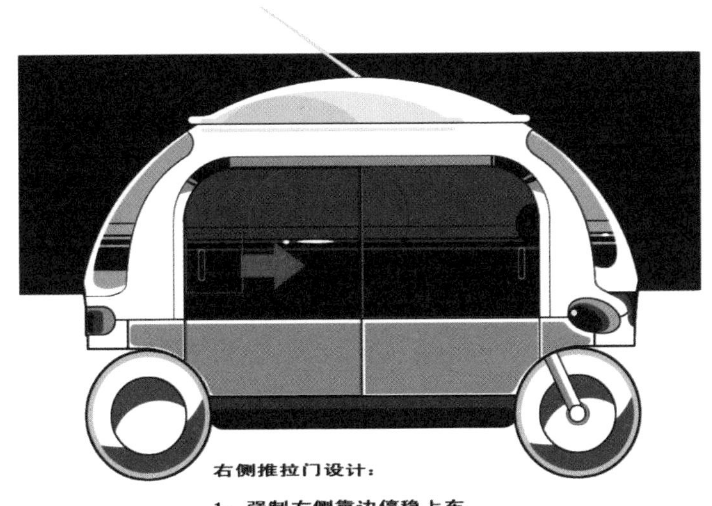

图3.18　箭头模拟动态示意图

图3.19　“城市小龟”三视图

四、挑战：复杂结构超写实

经历过绘画系统训练的同学都曾体验过全因素素描的集中培训：用时1—4周的时间，完成一张石膏像或一组静物的全因素素描。很多同学会最多用时一天就已经使画面不能再深入了，并质疑为何要如此“匠气”，但这是绘画生涯的必经之路。有过那段经历的画者在多年后会体会到当时这种专业训练的必要性，这不仅仅是耐性、毅力和程序化的训练，而是真正体会用心观察、会意、落纸、组织画面进而培养追求极致的体验过程。在此过程中，如果没有很好地综合把控造型关系与黑白灰的递进层次是很难细致入微地把画面当工程推进的。因此，无论是绘画还是设计都应先尝试极致，即先由简至繁的深入过程。将复杂经营到游刃有余的时候，即是成手，此时进行由繁到简的提炼便距离大师不远了。

在产品综合设计表达的基础训练阶段也同样需要体验极致，这是一项优势基本功的特训成长阶段，会受益终身。这个过程需要反复地在宏观与细节之间比较、切换，是建立在观察记忆、记忆模型重组和再现的基础上的反复探索。在该手绘基本功掌握之初首先应先缕清观察、写实与复杂的阶段承袭关系。

备注：本节系列组图均来自于大连民族大学设计学院包海默工作室二年级学生手绘课程的基础训练图。

1. 观察是个慢工程

观察的目的在于看懂。该阶段是在已经可以准确地控形的基础上展开的细致工程，形准是必要的前提和手段。观察其实就是视觉与脑思维输入输出的动态关系，是一个用心体会的慢工程。

练就火眼金睛，能看出差别与问题是观察训练的第一步。如图3.20所示，这是同一张车稿临绘出的两张手稿。两位作者学龄相差五年，均是在二年级手绘集训期间绘制的这同一款车稿，区别仅在于第一张是A4幅面，第二张是A3幅面。可以从两幅画面中感受到两位作者的关注点尚有区别……（此处略去，请读者自行观察，因为每一位观者都会有自己的解读。值得透露的一点儿背景资料是两位均为女孩，前者是艺术类生源，后者是工科类生源。其中的妙趣还请慢慢体会。）

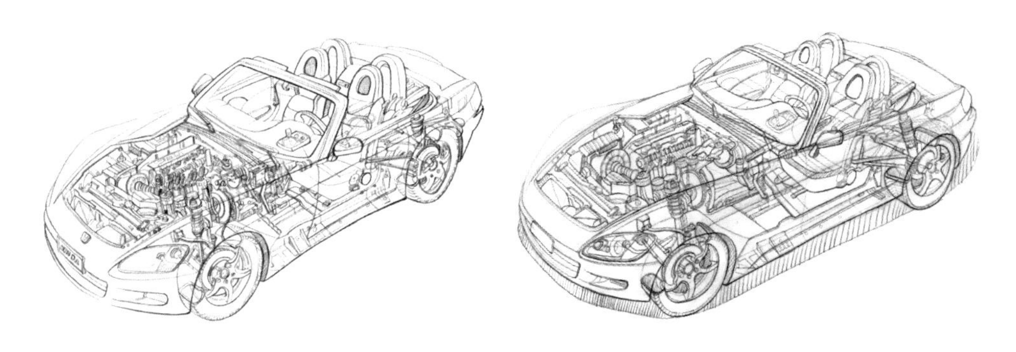

图3.20　同一辆车的画稿对照观察[1]

练就视觉触感，用眼睛去感觉形体的凹凸起伏、冷热软硬关系是观察训练的第二步。

---

[1] 大连民族大学设计学院李欣宜、孙宇雯手绘作品。

如图3.21所示，拆是视觉触感训练非常重要的环节。在拆装的过程中，了解每一个部件之间的彼此卡位对照关系及使用方式，这样可以更好地实现画面的综合表现。

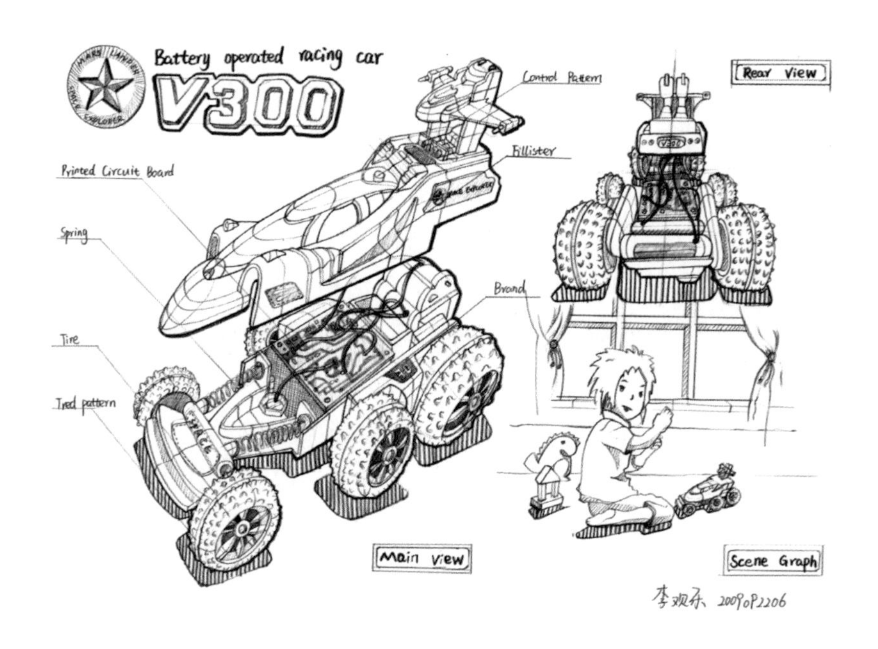

图3.21　玩具拆装后手稿表现❶

练就迷宫精神，用走迷宫的方式寻找结构关系的线索是观察训练的第三步。如图3.22所示，通过照片提炼形体线稿。首先要在平面照片中感受错层的各部件前后关系、包裹关系，这一感受需要去修车场借助实物的三维空间体会。比如，在真实物体的视觉记忆前提下，会很容易辨认汽车发动机与汽车水箱和防冻液水箱的位置关系，继而可以更准确地组织呈现三者之间的位置关系；了解汽车悬挂系统的基本原理，便会更清晰地处理车轮与车体的关系。

❶ 大连民族大学设计学院李欢乐手绘作品。

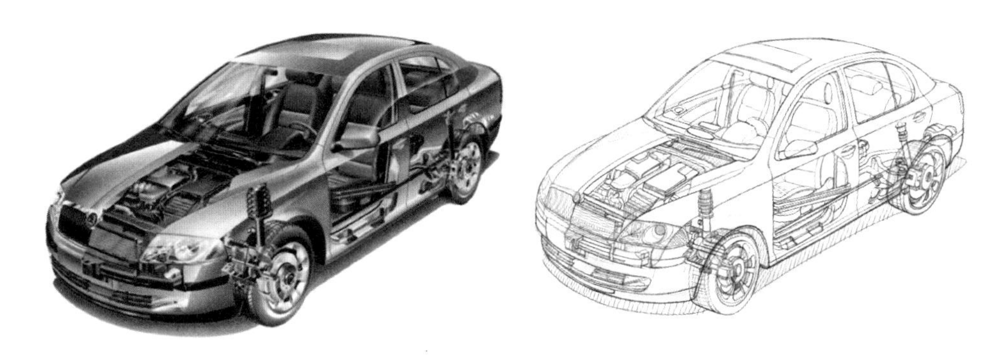

图3.22 手绘稿与照片图对照[1]

2. 写实是个伪工程

写实是复杂训练的必经阶段，但不是最终结果。写实是一个记录的过程，它的下一个阶段是摘录，继而是有取舍地进行传达表现。写实是摸索形体关系、结构关系的必要量尺，通过它的积累和存储将为设计师每一次的综合表达提供坚实可靠的依据。写实不同于照片重现，而是一次通过大脑消化的信息中转再现，其本身已经是一件加工出来的工艺品，应该常常出现在我们的速写本里。

3. 复杂是个组工程

复杂所指的就是准确详尽的结构关系，元素与关系是其构成因素。处理复杂元素时可划分出多个组别，在统筹主次的前提下，分片处理每一组的元素关系。处理复杂关系时可攀筋找脉，组装与分解图的运用就非常适合交代此次的关系，如图3.23所示。合理有序的分组推进统筹全局与细节的比照关系是成就优势基本功，实现复杂结构超写实的必杀技。

[1] 大连民族大学设计学院孙宇雯手绘作品。

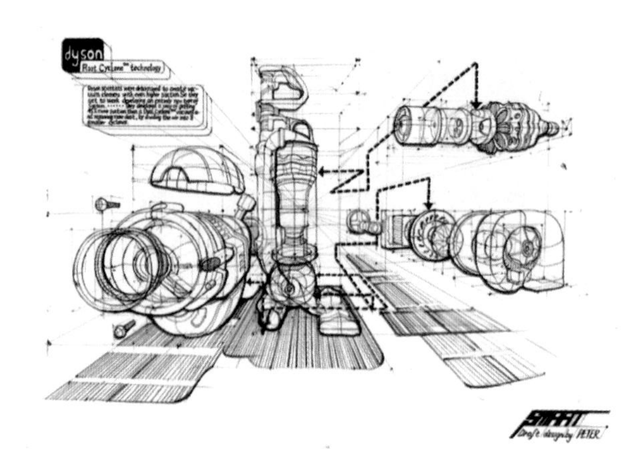

图3.23　手绘稿与照片图对照❶

在手绘表达阶段拿出耐心、信念和斗志，将手绘稿表达成如图3.24所示的程度，即为达标，也同时实现了复杂训练的初衷。可使其今后更自信地应对各类设计提案并锲而不舍地细化每一个环节，迎接各种未知的挑战。当然，该作品也有其赘述的部分，怎样更好地优化，需要结合输出条件和对象再作调整。

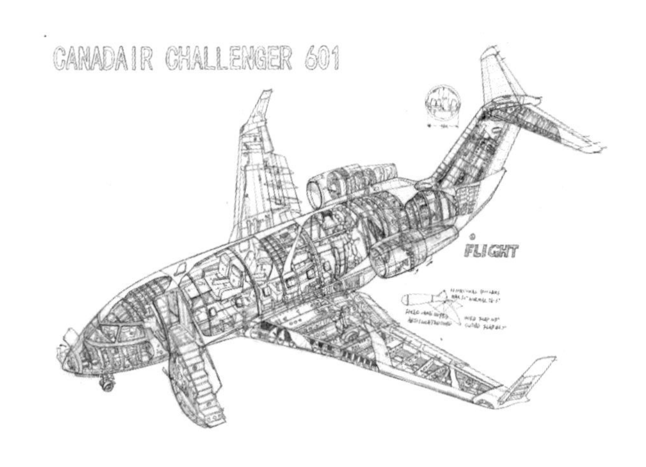

图3.24　复杂手稿的达标作品❷

❶ 大连民族大学设计学院孙宇雯手绘作品。

❷ 大连民族大学设计学院程禹锡手绘作品。

第4章

设计表达：产品综合信息的沟通与表达

- 产品综合设计表达概述
- 设计表达的信息因素
- 设计报告

4 提纲摘要

第一节　产品综合设计表达

一、设计表达需求概述

二、工业设计专业综合表达能力概述

三、综合设计表达的应用要点

第二节　设计表达的信息因素

一、工业设计活动中的信息流程

二、设计表达的信息组织要素

1．设计表达信息内容

2．设计信息传递的对象

3．信息接收的条件

4．设计信息传达的媒介手段

第三节　设计报告

一、设计报告的组织编排

二、设计报告的版面设计要素

1．识别性　　2．统一性

3．灵活性　　4．限制性

5．吸引性

三、设计报告案例分析

1．案例分析一（基于用户研究的课题训练）

a．设计调查报告部分案例拆解

b．设计方案描述案例拆解

2．案例分析二（基于已有品牌的衍生产品方向研究）

第一节 产品综合设计表达

产品综合设计表达是基于信息设计的原理的应用方法，通过收集信息并将其梳理、重组为可视化的表现语言，以实现开发团队之间的可沟通表达以及与应用方及应用行业之间的可传播表达。简言之，就是解决设计者、生产企业、用户之间的“沟通”问题。产品综合表达的设计过程并不单纯是信息组织表现的过程，更是产品开发过程中创新可能性的推导过程，是设计开发及产品生命周期并存的重要组成部分。

一、设计表达需求概述

设计表达在工业社会发展的各个时期有不同的表现需求，是一个不断发展和完善的概念。最初的大工业生产时期，人们的关注点都在机械化批量生产，区别于艺术品的繁杂手工艺之间的争议与整个社会的生产方式革新，并不存在设计表达的概念。随着设计职业化的推进，设计团队成员之间的思维沟通跃然纸面，同时设计师与甲方之间、与用户之间都存在精准的沟通与传达的需求。

产品设计的程序和步骤有明显的阶段性。各阶段存在不同的沟通表达需求。如图4.1所示，产品设计师最初需要综合信息调查、情报分析等目标产品综合信息进行设计判断以找准设计定位，进而通过个人与团队的思维碰撞对目标产品进行概念演绎与创新。在此基础上，新开发的产品信息需要与不同的对象实现不同形式的沟通。比如，设计者与设计工程组之间最有效的沟通媒介是三维模型及设计图纸；与决策者之间最有效的沟通媒介是效果图和设计报告；与用户之间最有效的沟通方式是媒介广告与使用体验，最终通过信息可视化传达的综合运用将撬动人心的产品核心优势精准传达以通过良好的产品体验实现品牌价值优化提升。

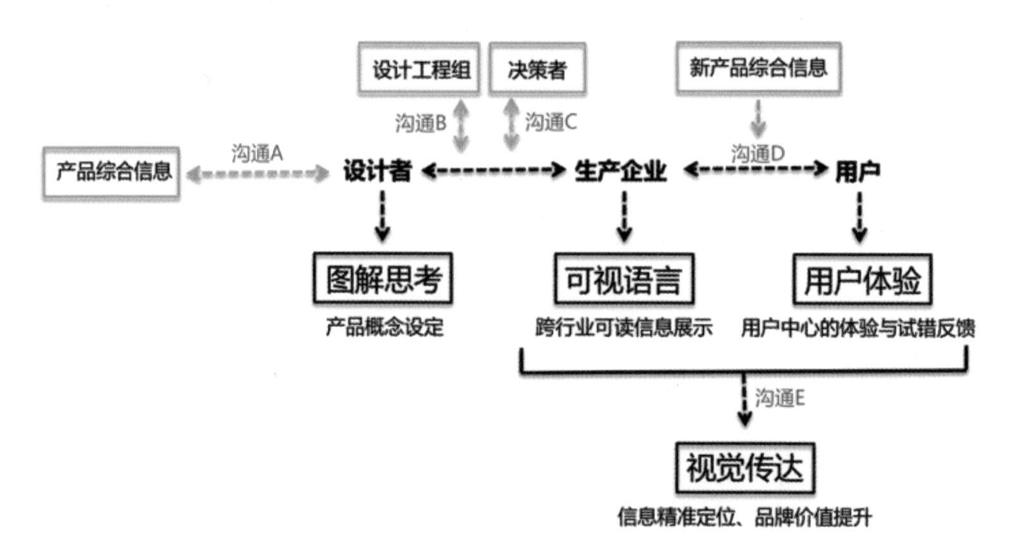

图4.1　产品开发流程中各环节沟通表达需求一览

随着信息科学向工业设计领域的引入，产品生命周期概念的出现，设计者需要负责整个产品的生命周期控制，提高设计效率，及时了解生产和市场，调整设计。这时，设计者、生产企业、用户之间出现了前所未有的交流需求。这样，从设计开始的用户信息收集，到最后产品投入市场的用户反馈调查，几乎每一个阶段都存在产品信息的收集、分析、表达、传播和交互需求。设计表达概念就成为与设计不可分离的部分，贯穿产品设计的始终。

——刘振生

工业设计是一门跨界的应用艺术。设计师如同导演要在拍摄好素材的同时兼任编导剪辑的工作，而且是要做一群低调内敛的优秀剪辑员，只有这样才不会因为剪出一部难于理解或是枯燥乏味的片子而葬送了原本精彩的素材、题材。之所以要低调内敛，就是要求设计师要学会闭嘴说话，不要随时准备为创意配音讲解，要让设计图具备自我表达的天然魅力。

二、工业设计专业综合表达能力概述

工业设计发展至今，要求设计师对所设计的产品应具备全面分析的能力，这不仅仅是体现在产品设计开发阶段，而是综合考量整个产品生命周期所涉及的相关问题和制约因素，例如：

（1）能够判定设计问题所在；

（2）能够运用创造性思维寻求解决问题的方案；

（3）能够经过反复的筛选、修改、深化来优化设计方案；

（4）能够以制约产品生产实施的各种技术、经济、社会因素来验证设计方案。

这一完整的设计思维过程，包含了人类从事创造性活动需要具备的逻辑思辨能力、想象能力、鉴赏能力、表达能力等，其中表达能力是工业设计从业人员特有的可视语言技能。就如同工程技术人员设计了复杂的可工作机器人，却因过于复杂的电子机械结构使第三方无从下手，这就需要工业设计专业人士以可沟通为前提融入开发团队，在充分考虑第三方操作体验的同时组织有效信息创新优化结构与形态。这是一项跨越艺术与科学的表现领域，是专业表现与跨领域沟通传达的综合作业。

作为工业设计的潜力军需要同时具备产品综合设计表达能力。即发现并分析问题的能力、创造性解决问题的能力和设计表达的能力。

● 发现并分析问题能力

分析问题是职业技能，发现问题是职业天赋。设计师的一项重要职业技能就是在分析问题的过程中培养发现问题的能力。问题通常隐藏在构成产品的各种复杂的因素之中，使设计项目偏离目的。

● 创造性解决问题的能力

寻求问题的答案和解决方式是设计的关键。设计师用不同的思维形式进行思维推理和创造活动，思维活动经历“准备—创新—验证”这样三个思维步骤。在这个思维过程中，各种抽象的概念，解决方案的“顿悟”、形态图像等在脑海中交替产生，同时交替使用发散性思维和收敛性思维去对设计对象进行研究、创新和评价。最终呈现解决问题的全新方式。

● 设计表达能力

表达能力与分析能力和创造能力有紧密的关系。表达不仅是对思维最终结果的表述，更是对思维发展进程的条理化和系统化的媒介手段，对于分析与创造活动具有辅助与深化作用 。表达的效能不是简单的最终思维结果的视觉化显现，而是促进设计思维产生与发展的“媒介”。

——刘振生

工业设计的设计表达在不同阶段呈现不同的表达方式，在产品概念设定阶段多以概念模型的信息构建为主，例如，设计理念、手绘、电脑辅助效果图、草模及样机模型等，在此基础上反复推敲寻求突破与创新；在产品定稿阶段需要多以设计报告和虚拟现实演示为主，较为直观地实现设计师与决策者的沟通；在产品投产阶段需要工程图纸、Demo小样等工程要素……

设计创新的思维过程是一项由复杂机制构成的思维活动，必然要通过一定的表达方法“再现”出来，以便对思维活动和思维的对象进行掌握和控制。设计表达能力就是设计师应该长在骨髓里的一种基本技能，它不仅可以打造作品的独特魅力，同时为作品主人增添了一份可积累的设计标签，是设计师魅力的名片展示。

工业设计创新活动是一项可针对研究对象展开的复杂的思维活动，要求设计师具备全面的综合设计表达能力。在此过程中要根据思维对象的特点和传达目标进行定位，结合具体传递条件选择最适合的表达手段合理地应用于各阶段。

三、综合设计表达的应用要点

产品综合设计表达就是囊括整个产品生命周期的各阶段表达需求应运而生的。所以要求我们要以系统的思维方法指导设计表达的应用，使体系中的各种要素彼此联系、相互作用。并在此基础上，综合运用各种表达方式进行信息阐述，其中既包括博览后的表达手段借鉴也包括打破思维定式的创新手段应用，以此更好地尝试内容的组织编排，最终实现清晰且独具特色的产品综合设计表达。

第二节 设计表达的信息因素

产品设计的专业性及组织结构的特征，决定了产品的信息必须满足两方面的需求：一是要表达出设计师对具体设计对象设计思维这部分的内容，二是设计内容的表达要符合传递对象的客观需要和认知能力。这两方面的因素是综合性设计表达的重点内容。

——刘振生

一、工业设计活动中的信息流程

工业设计创新活动是从信息调研开始的，在此阶段收集文字、图片、视频录像等用户信息，但该阶段采集的原始信息并不能清晰显示设计问题的内在本质。需要有序地整理编辑再转化为可视化的用户信息，作为设计项目的基础为下一个阶段的设计定位做准备。在设计定位阶段，需要通过组织和推理设计信息的内在关系，概括和提炼出重要信息以实现产品系统的完整梳理，继而进入方案创新阶段。

设计活动分类	阶段	信息内容表现形式
设计前期准备工作	调研	信息分类整理：文字、图片、音频、视频。
	定位	可视信息图表：系统关系的主次信息。
设计创新推进工作	方案草图	思维可视化：个人或团队的概念浮现。
	方案评估	效果模拟：方案综合信息的描述与交流。
	方案细化	数据可视化：工程图、材料、预算……
设计宣传	作品发布	交互信息：产品展示、信息反馈。
	设计总结	案例研究：设计过程整理。

图4.2 工业设计活动中的各阶段信息内容概览

二、设计表达的信息组织要素

1. 设计表达信息内容

影响产品设计的因素是很多的。如产品问题分析、用户研究、工艺分析、对产品成本的考虑、造型风格、设计理念、开发策略、设计细节等。不同的因素有不同的特征，在表达上也表现出独特的个性。概括起来，工业设计要传递的信息内容主要包括形态、理念、结构逻辑、思维脉络及环境条件几种类型。

——刘振生

形象的思维再现能力是工业设计师的基础能力。它的作用在于表达新设计的外观印象，分析其形态、色彩、材质等表象因素。而新产品的开发不仅仅是设计师的个人艺术品，更重要的是要将作品归于市场、归于用户，通过理性的分析将影响其形态、材质等的市场、用户、技术、行为方式等诸因素抽象提炼出来作为信息储备。

设计表达的信息内容同时还包括设计师或设计团队的思维轨迹纪录、时间进度、项目分工、技术节点、效果图、环境模拟效果等因素，并在这一系列过程中反复验证、调整和再创新，这些过程和过程节点本身就是各环节设计表达所需要的信息点。

2. 设计信息传递的对象

设计表达是一种信息传达，在设计工作开展之初我们就应考虑到接受信息的对象是谁，并要了解表达对象的接受能力，对设计内容和形式作出与之匹配的构建。首先，我们应该充分地考虑目标对象对设计的需求和愿望，然后是其年龄、性别、职业、综合认知能力、经验、专业知识、修养和民俗等。这就好比设计一款儿童产品，我们要分析清楚表达受众是孩子还是父母，对话的内容和方式存在很大区别。而在这两类人群中也会存在外行所看不到的隐性人群特征，比如三四岁孩子对电子体验产品的操作能力远远超出我们的想象，在某一个维度很可能与成年人具有相同的背景和认知能力，这就需要设计师在前期充分地做好分析。

工业设计活动中的设计信息传达对象存在其固有的特点。一方面是面对高级管理层，他们关心的是目前设计的核心卖点，这个阶段可能一张意向图就可以实现较好的沟通，进而开展各种详尽的资料汇编和图纸设计，再者是样机层面的技术结构、产品成本和用户期望值等商品化方向的诸多因素；另一方面是面对甲方执行层，他们关心的是具体的设计进程和设计方案，会具体到时间推进计划、产品尺度、形态、技术结构等相关的各式计划表、图纸、效果图、草模和样机等。

信息高度膨胀的今天，人们依赖信息来判断、决策和采取行动，编辑适应对象的信息传达可以帮助企业高管在较短的时间内捕捉有效信息，凭借其丰富且敏锐的市场经验判断设计作品的市场前景。

3. 信息接收的条件

一次成功的设计实施，是由无数次设计传达、优化来实现的，每一次信息交互过程都存在空间、时间、环境、传递方式等外在因素的影响，这就要求设计师充分考虑每次信息的传递条件，主动地调整表达策略和表达形式。

一个产品项目通常是由一个团队协作开发，团队之间有面对面直接沟通的合作形式，也可能会存在异地协同设计的开发形式，需要我们选取最便捷的易于沟通的方式。与此同时，面对不同的受众对象内容形式也将不同。工程师需要详尽标注的工程图纸；客户需要图表、草图、演示文稿等；用户则需要虚拟现实的综合演示及同类产品的比较。

总之，时空束缚不了我们，只会促使我们不断创新，寻求更优的传达方式。

4. 设计信息传达的媒介手段

综合以上三点的各项制约因素，采取相应的媒介手段，是设计表达信息组织的核心要点。在工业设计领域，可用于表达设计思维的媒介手段有很多，如语言、手绘、模型、计算机图像等已是常规手段，结合具体的因素条件确认具体的形式变化，会产生丰富的想象力。但随着技术的革新，交互多媒体、虚拟现实建模技术等信息展示平台产生了变化，信息内容的组织研究也同样带入一个全新的领域。信息设计的概念渐渐融入工业设计的综合设计表达范畴，也成为较扎实的借鉴学科，这也打通了专业界限，呈现出全新的设计格局。

第三节　设计报告

一、设计报告的组织编排

设计报告是设计师及设计团队向企业管理决策者阐述新产品设计的预解决问题、市场定位、创新理念等最系统的综合表述途径。企业决策者及技术人员会根据报告内容作出判断，在双方反复的沟通中实现最终的决策。

产品设计报告是一份以设计研究与系统创新为目标的完整的系统报告，如图4.3所示。实际工作中设计师接受的任务可能只需表达其中一部分子系统的研究工作，比如企业方如果已经通过调研公司拿到一手调研报告，设计团队可基于前期的研究基础展开设计工作。

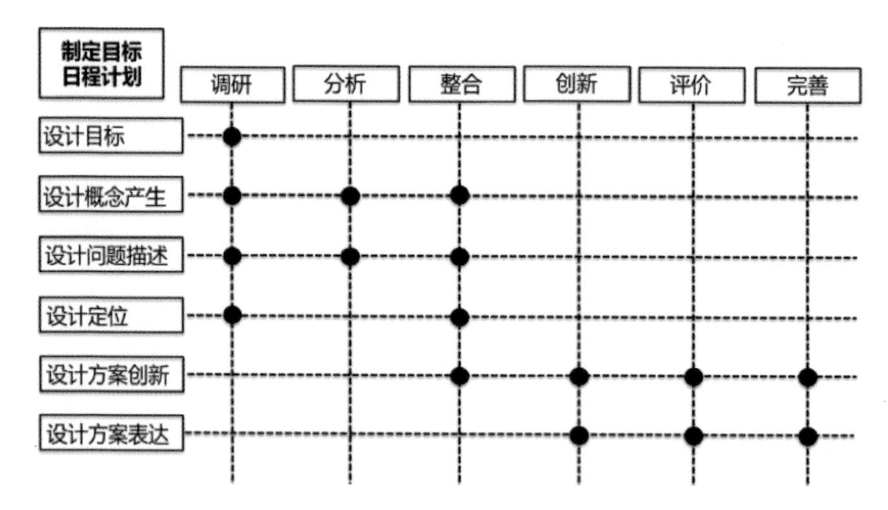

图4.3　设计报告的结构框架参考图

二、设计报告的版面设计要素

1. 识别性

只有当设计报告最终呈现的设计效果对设计表达方式和内容起优化、提升效果时，其编排形式才具有识别的价值。单纯为了丰富形式而添加的过多或不当的视觉因素会对报告的内容起干扰作用，其编排是没有意义的。设计报告的识别性是一种记忆印象的个性风格，是基于设计表达的特别发挥。

2. 统一性

完整的设计报告需要具有统一的版面尺寸和构图结构，使报告书具有统一的规范处理，这样才能使画面看起来稳定、规范。对于多种表达内容和形式的编排，需要采用统一的处理手法使其达到视觉的规范化。

3. 灵活性

设计报告中包含的内容千差万别，应针对各部分内容特点依照其表达需求进行灵活调整，做到统一规范下的丰富实用性。例如，在针对产品表述版面的具体内容编排上可将版面分区处理，使图文内容及辅助说明有其相对应的位置关系，继而根据人的视觉习惯进行由浅入深、由全局到细节的组织编排。同理应对思维、思路或是行为描述等具体内容时，可根据内容作相应的调整，以丰富形式。

4. 限制性

报告中需要讲述的内容很多，需要利用版面设计对信息量进行控制。在此环节应用信息设计的设计方法优化重组信息量是必要的环节。另外，为突出重点信息，产生停顿和加深印象的视觉效果，可以采用对比或留白的手法进行表现。

5. 吸引性

常规的设计报告是以推进式逐层介绍的。由于听报告的受众需求不同，往往存在受听疲劳的现象，例如，设计师应用了大量的时间在介绍前期调研与方案讨论过程，会使听众潜意识里感觉耗时很长。所以，在基础报告制作完成时，需考虑受众的关注点，有起伏、有悬念的图文交替重新组织编排，以一个编导的身份编辑好表达的顺序。

三、设计报告案例分析

1. 案例分析一：基于用户研究的课题训练

a. 设计调查报告部分案例拆解

学生阶段的设计调查报告更像是商业实战的演练过程，往往是单方向的产品与用户的使用关系、行为方式的考量，很少在该阶段介入商业评价的制约和限制，相对更纯粹。但与专业的调研公司相比较还是存在很大的差距。

以大连民族大学设计学院刘雪飞工作室某设计课题前期调研为例，我们来了解一下工业设计前期调研环节关于综合信息传达的应用意向。该课题是基于老年人尤其是空巢老人的洗衣使用情况的调查分析。从洗衣资料收集到入户调研，再经由调查问卷整理出前期的分析思路和寻找设计需求方向，如图4.4—图4.7 所示。

图4.4　老年人洗衣机调研着手方向

图4.5作者用关联图点的方式描述了过程分段并总结出初期问题点，形式感有但似乎是设计师的思维方式，需要一种大众相对好理解的可视化整理方式，于是修订了图 4 .5。

图4.6的表述清晰地展示了各环节但却忽略了彼此之间的时空关联关系，需要更进一步的关系介绍，于是呈现了图 4 .7所示。

图4.7呈现了一幅需要依附在大尺寸展板上的调研汇总图表，借助色彩和图形的编排基本实现了图文结合的可视化图表绘制，但由于经验的缺乏还存在新的问题，即可读性与易读性的问题，如图表中文字过小。尽管在展板打印时大尺寸的展板幅面可以清晰地印出图中所有的文字，但阅读起来还是费劲，累眼睛且可记忆的主次关系弱，还需要进一步地优化再设计。

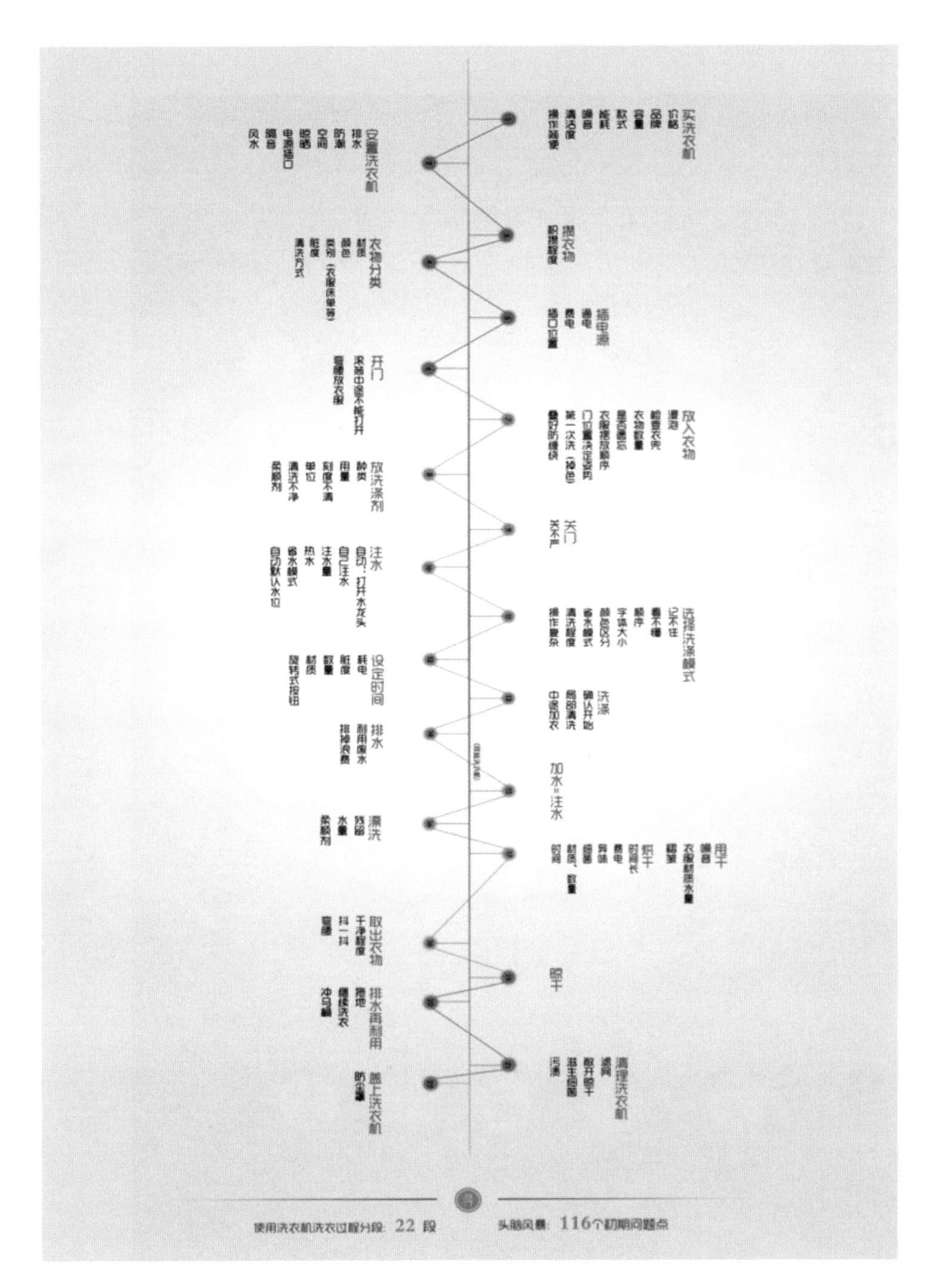

图4.5　洗衣机的洗衣流程分析及各环节问题点截取

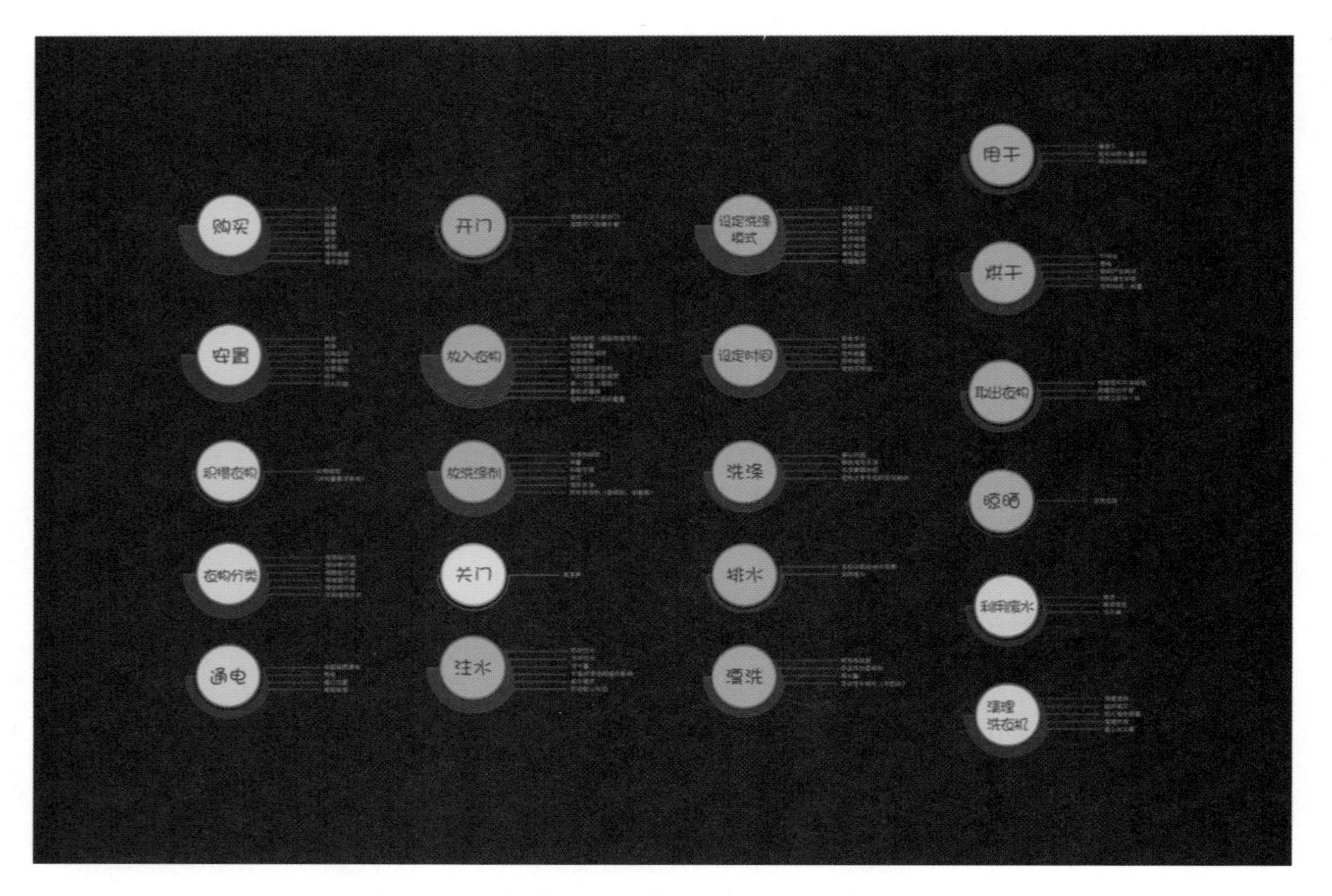

图4.6　洗衣机各使用环节及问题的优化展示

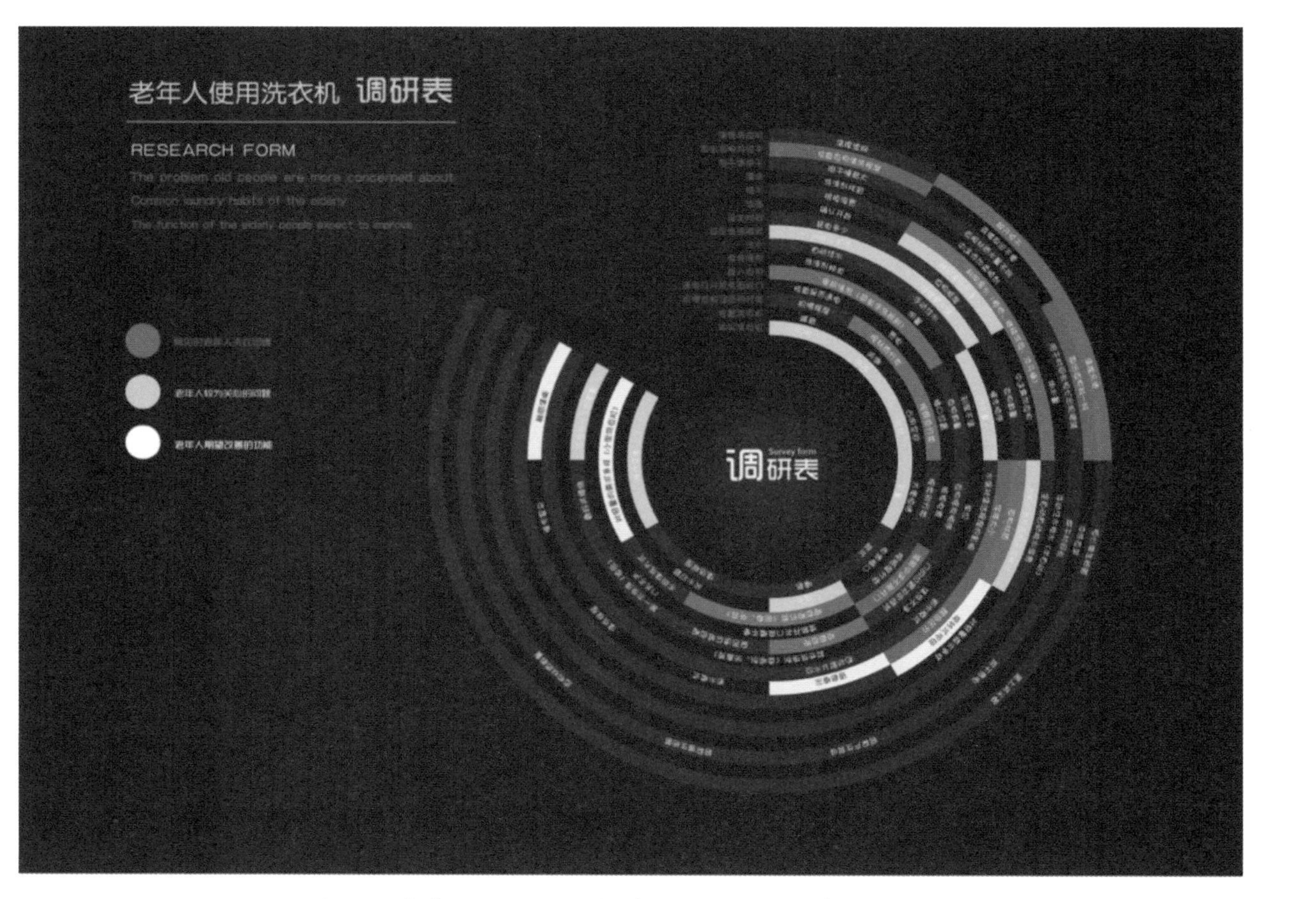

图4.7　老年人使用洗衣机情况调研汇总图表（局部）

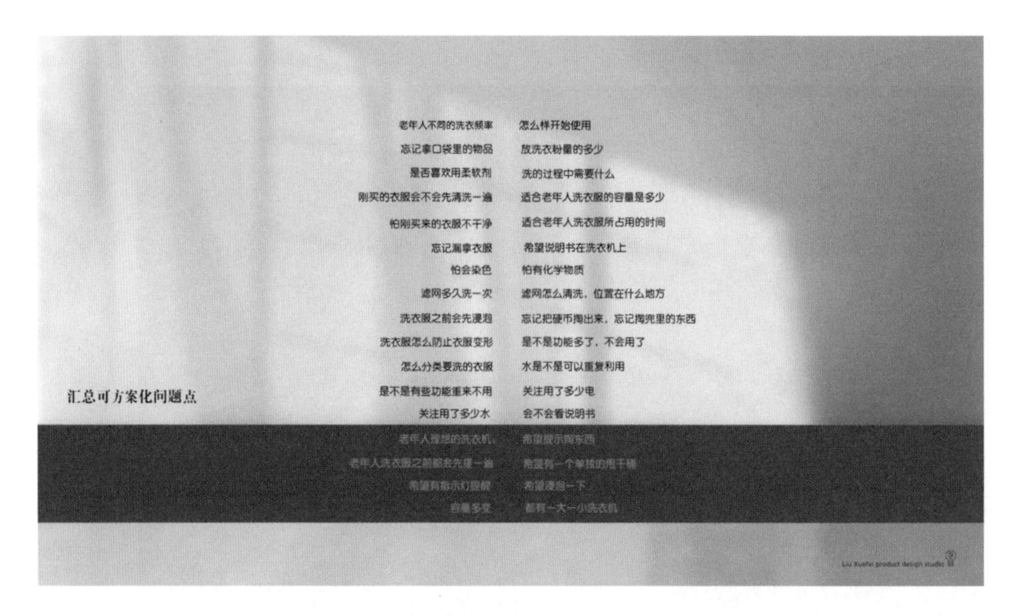

图4.8　调研整理后汇总可方案化的问题点

在经由图4.4—图4.8的老年人洗衣问题调研后，项目组回归目标人群的生活形态分析，针对目前社会普遍存在的居家式养老、社会养老机构养老和民间养老机构养老等养老方式展开分析，从中发现“空巢老人”这一普遍存在的现象，继而分析影响其卫生问题的生理、心理、健康状况等因素。最终确定融入传感器技术参与解决目前老年人洗衣及个人卫生相关问题的设计方向，并展开设计工作。

b. 设计方案描述案例拆解

在之前的实地调研过程中，项目组成员发现了一些其他渠道调研资料很难捕获的一手感官信息。随着年龄的增长，老年人身体机能下降，嗅觉和听觉越来越不灵敏。身体和周围环境的气味也越来越重，对于不经常换洗的窗帘、床单和被罩等衣物是否干净不太容易察觉。子女不在身边，心里存在失落感和孤独感。基于以上信息，项目组成员拟定设计一个可以提升老年人生活环境质量和提高子女对老年人生活关注的辅助设计。首先锁定人群特点，设定待解决的产品要素，如图4.11所示。之后再寻找核心问题，选取解决技术，模拟应用原理进行图解分析，如图4.12所示。

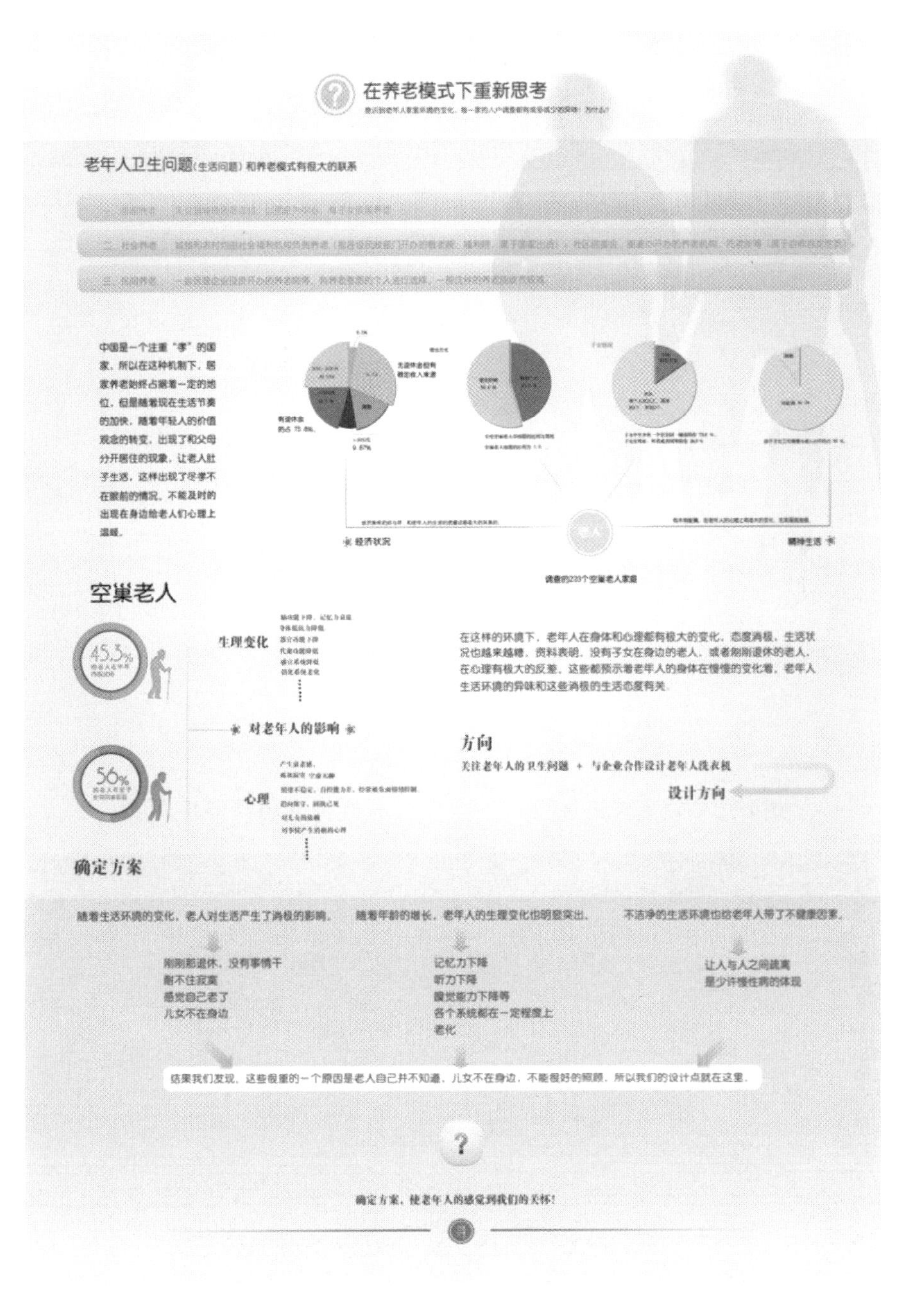

图4.9 养老模式下的重新思考

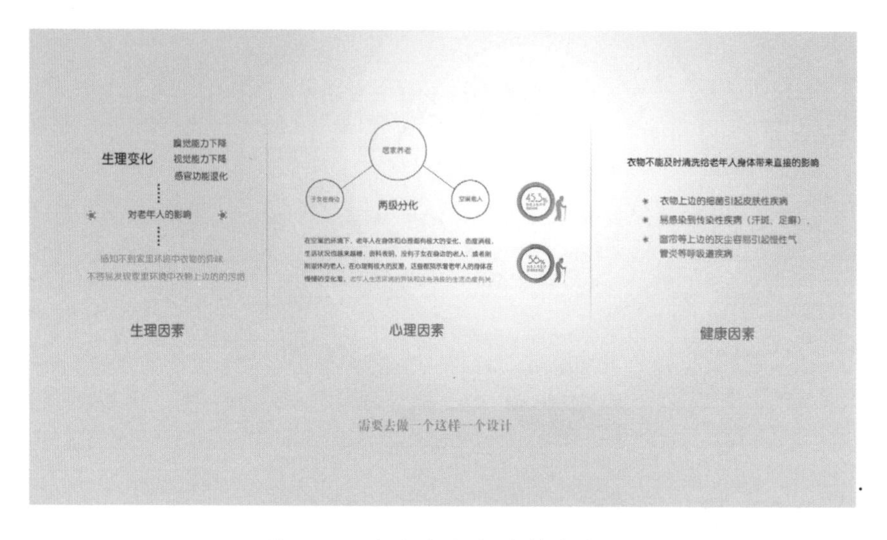

图4.10　对设计方向的整合定位

图4.11　锁定产品要素——老年人普遍存在的待解决要素

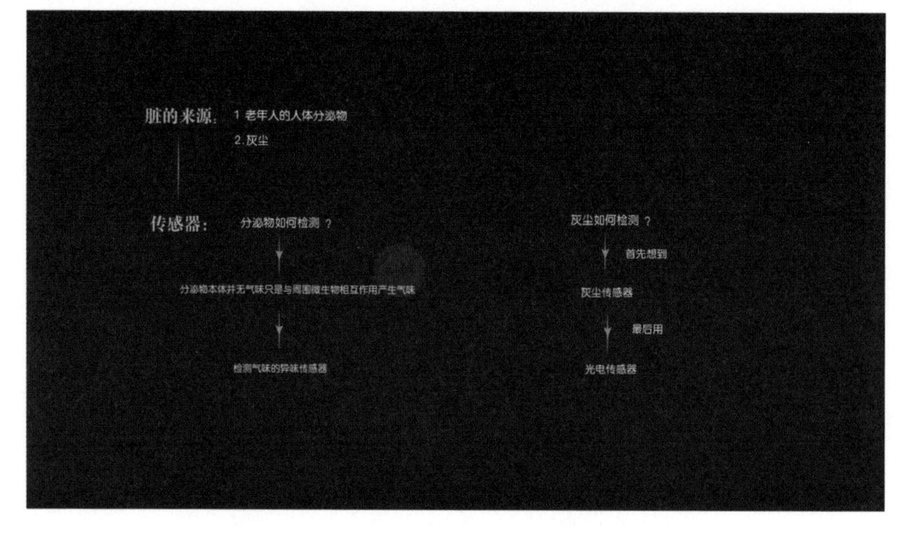

图4.12（a）　针对核心问题的技术应用分析

图4.12(b)(c) 针对核心问题的技术应用分析

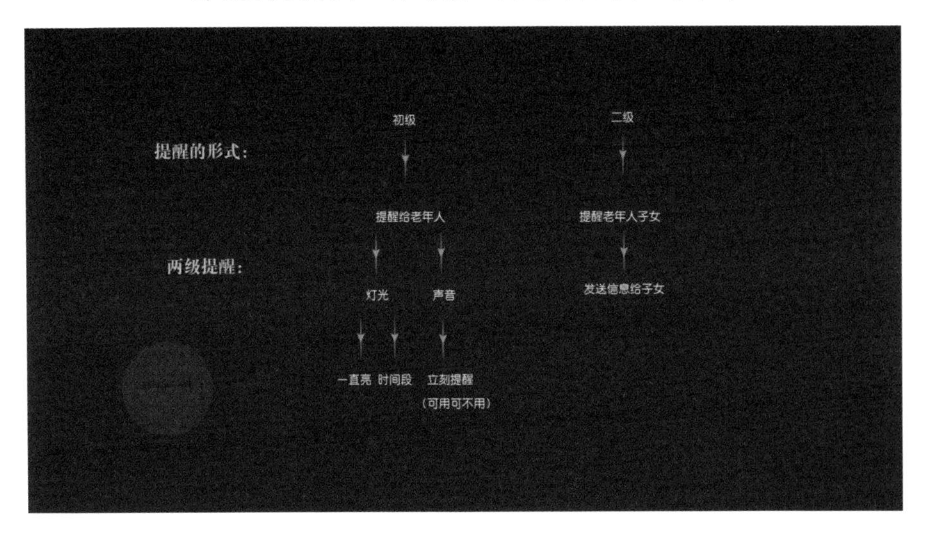

图4.13(a) 产品交互功能概念设定

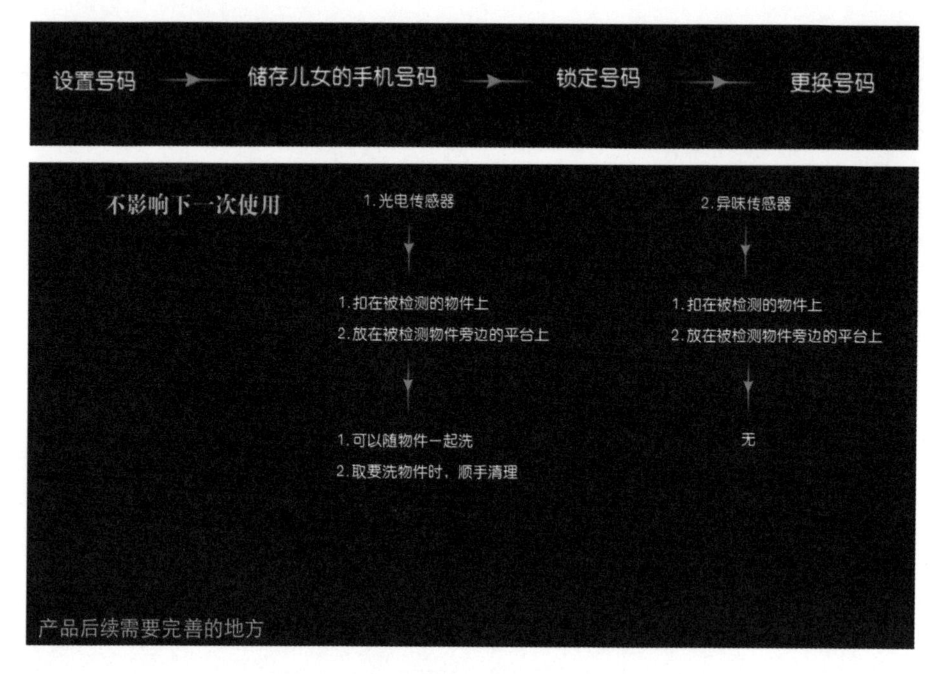

图4.13（b）（c） 产品交互功能概念设定

如图4.13所示，产品概念设定的前期工作基本是靠文字承载的内容关系来进行分析梳理的。文字信息部分是产品表现形式的骨骼框架，也是方案继续延伸的推理线索。但目前版面的黑底白字作为现阶段的信息输出显得枯燥无味了，主次清晰的图文结合显得尤为重要。

图4.14直接跳入造型语言，使实体交互与产品本身的脉络关系交代得稍显生硬，但好在该组同学另有视频演示文件很好地诠释了概念产品的使用方式和工作原理，呈现了完整的设计方案。这也验证了本章前文所提到的关于信息交流媒介的选择问题，当此类并非机械结构或使用状态能单纯表达清楚产品特点时，动态视频或虚拟现实技术的应用会作为很好的补充，帮助受众理解产品的体验感受。这就如同我们新买一款苹果手机，没有说明书，他的产品介绍和使用方法凭借个人体验和传媒反馈足矣，这是产品信息传达的一种境界也是一种追求。当然，传统图面表现方式是相对永恒存在的定格画面，是产品介绍必不可少的重要篇幅，也是产品设计师必须掌握的基本技能之一。

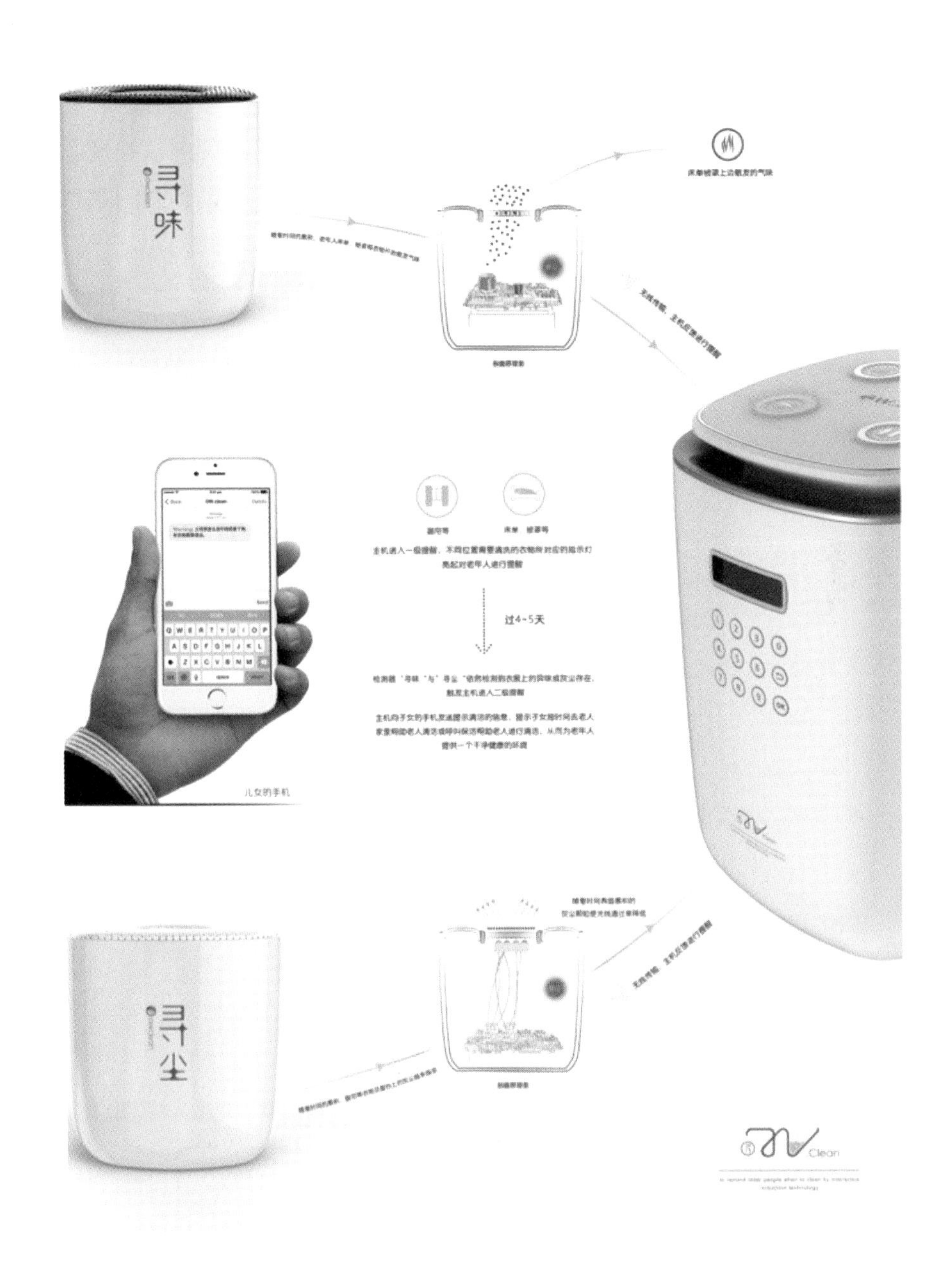

图4.14 基于寻味和寻尘传感技术解决老年人家庭卫生提醒的实体交互产品综合提案

2. 案例分析二：命题式项目开发［备注：理论部分详见第五章第三节］

该案例源自清华大学美术学院艺术硕士的专业选题，是基于已有品牌的系列衍生产品的探索提案训练。整个报告从拟定题目着手，分析品牌的核心理念及媒体品牌的需求方向，其意义在于从不同方向尝试源于同一品牌的理念的系列产品开发，探索儿童产品的开发模式和存在方式，如图4.15、图4.16所示。

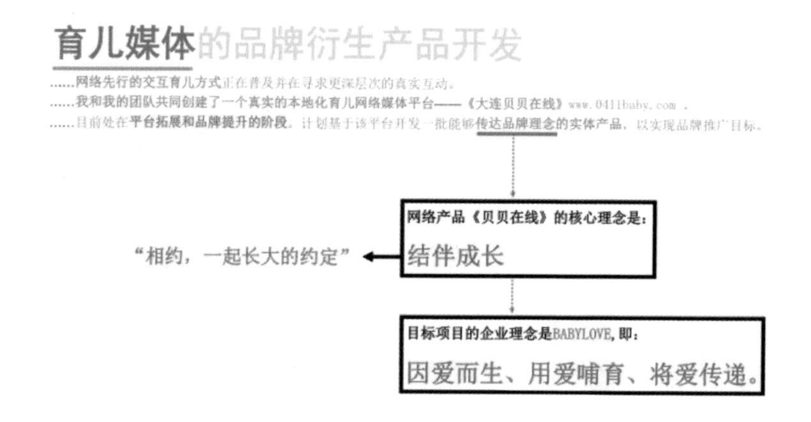

图4.15 项目命题背景介绍及核心理念阐述

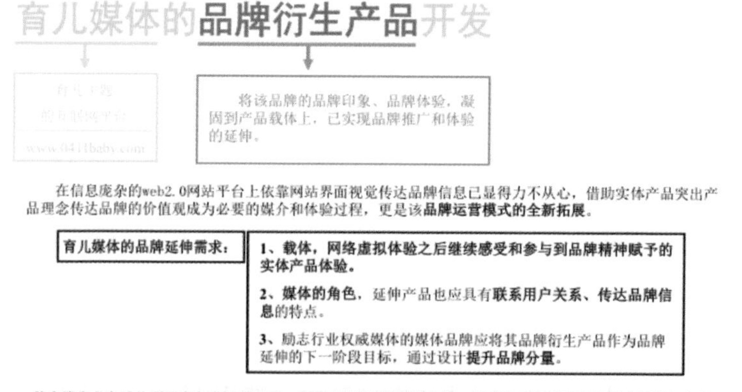

图4.16 命题分析及项目需求

该报告中，拟定未来的设计方向为“x”，由品牌衍生产品着手分析其推广品与玩具产品的双重属性，从中推导出玩具是作为儿童游戏中的游戏道具服务其角色扮演及结构组装训练等体验项目，而其网络媒体的推广渠道也赋予了产品特有的交互属性，如图4.17所示。

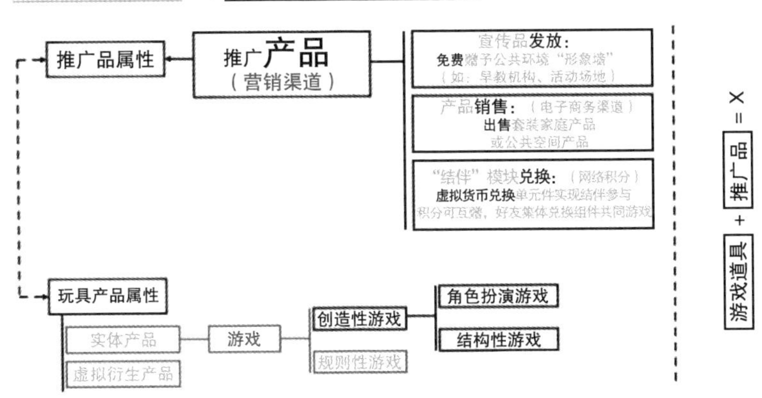

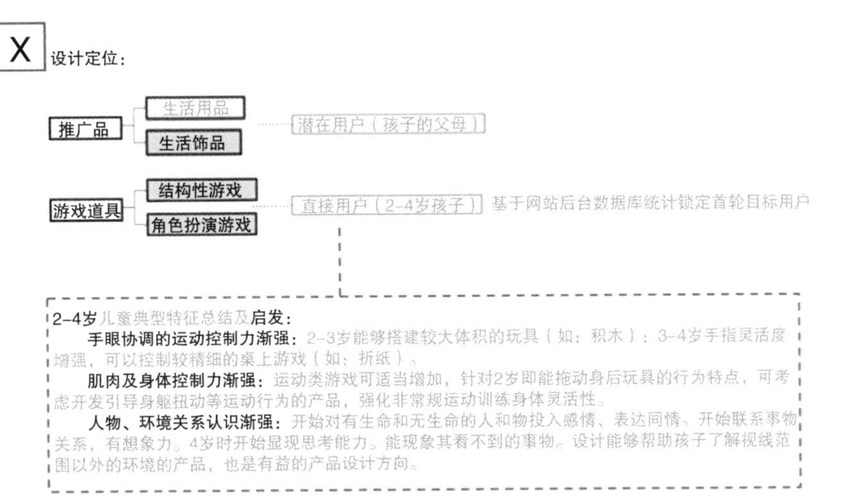

图4.17 儿童品牌衍生产品的双属性分析

基于拟定方向“x”的固有属性，设定其产品目标为“启发想象力”，提案拟定了三个维度的设计方向“x1、x2、x3”如图4.18所示。分别是基于品牌印象和集体创造力的、启发动手和逻辑能力的、引导孩子从不同角度看世界的三个方向，另外提出了“贝贝苗圃”等可提升企业形象的设计延伸和服务延伸方向。

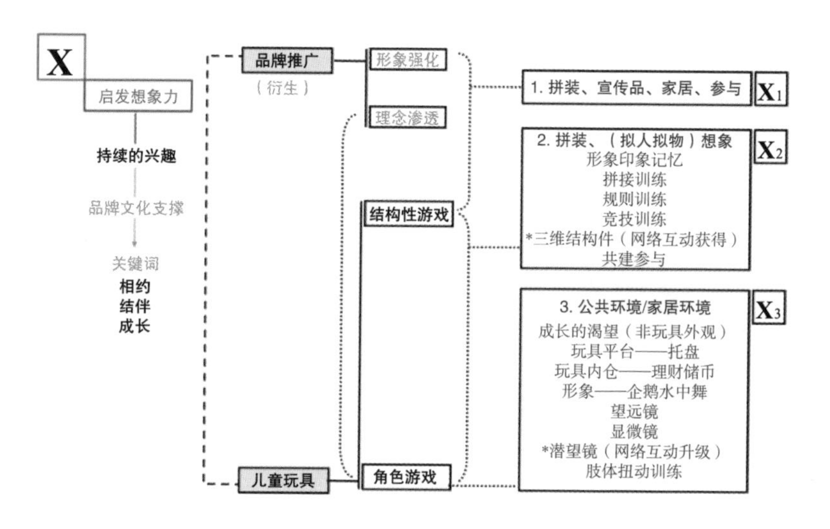

图4.18　目标产品x的拟定设计方向分析

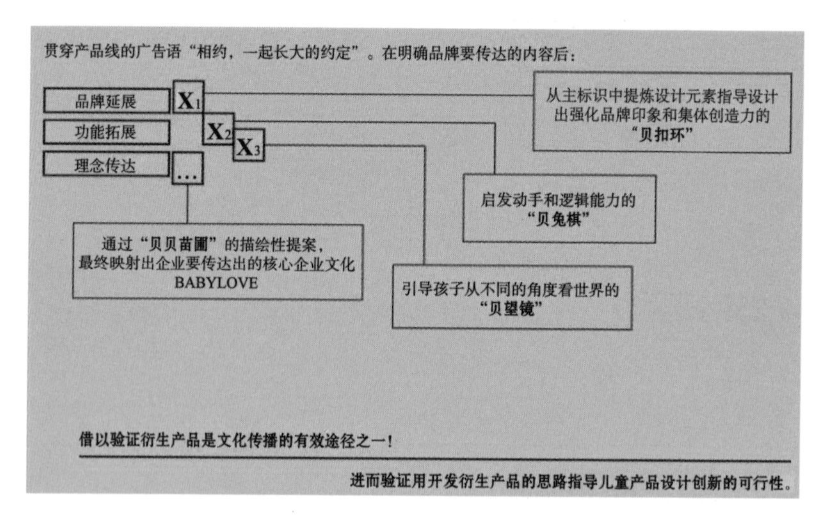

图4.19　设计定位和目标产品小结

● 提案方向一

“贝扣环”的设计思路：由品牌logo形象提炼衍生出抽象认知图形和符号，在此基础上设计出可反复强化记忆的可拼插图形，如图4.20—图4.24所示。

图4.20　提案一：“贝扣环”的基础logo

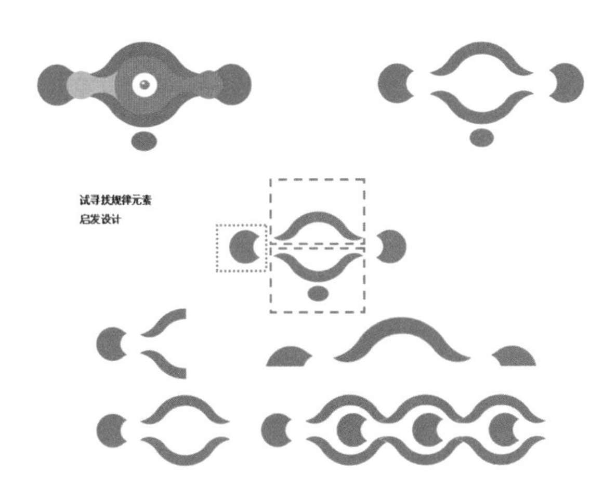

图4.21　提案一：“贝扣环”的形象提炼与推敲1

AND SO ON

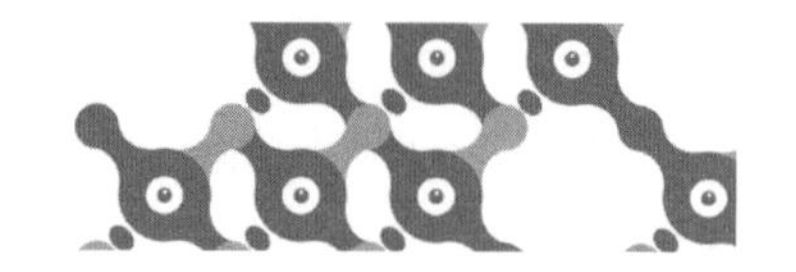

图4.22　提案一："贝扣环"的形象提炼与推敲2

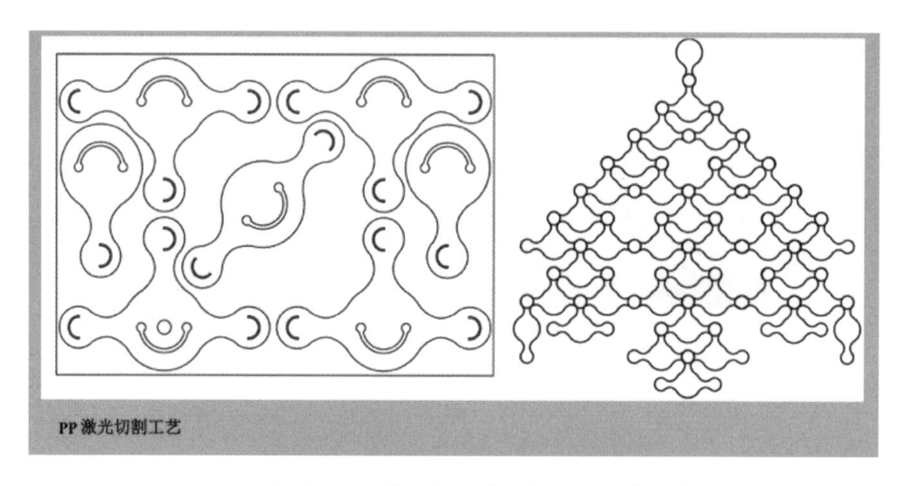

图4.23　提案一："贝扣环"的形象提炼与推敲3

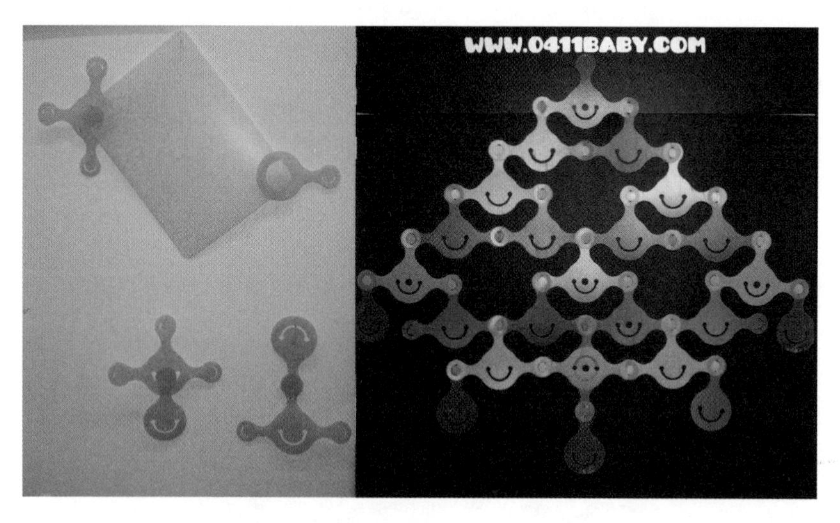

图4.24　提案一："贝扣环"的意向提案（可作书签或手工拼装零件）

● 提案方向二

“贝兔棋”的设计思路展示：将logo的衍生图形进行立体三维的造型尝试，结合三个一排的九子棋游戏，通过手提棋子的动作联想到兔子耳朵的造型语言，为儿童游戏过程增添了一份趣味。如图4.25—图4.27所示。

图4.25 提案二：“贝兔棋”的产品素材意向图

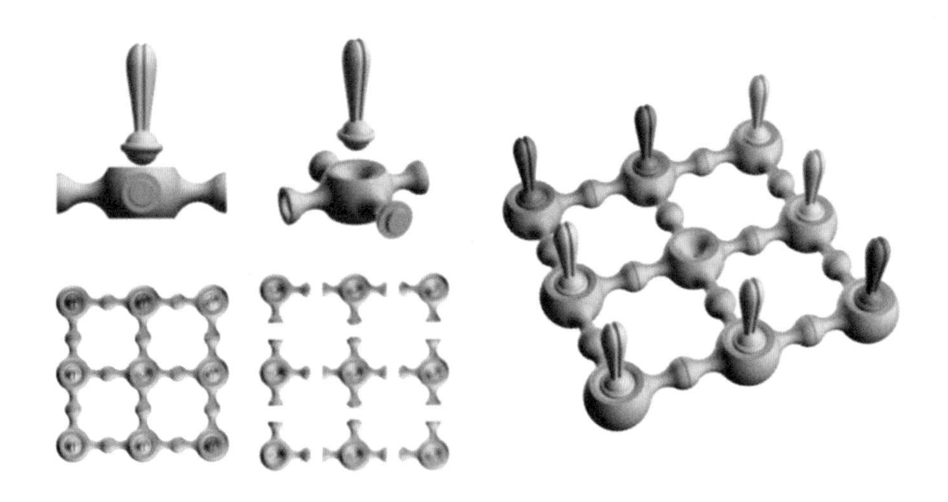

图4.26 提案二：“贝兔棋”的产品意向模型

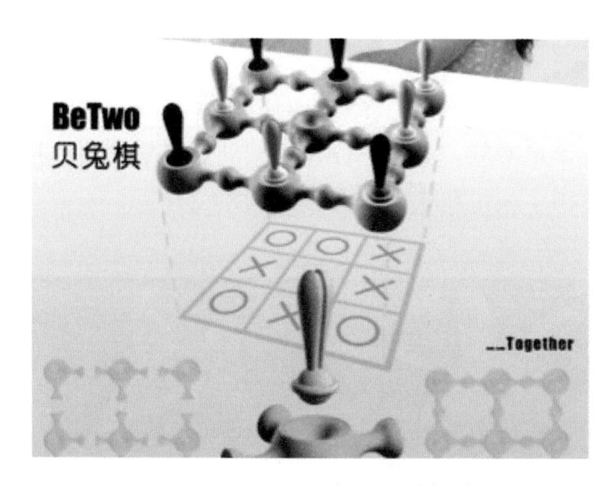

图4.27 提案二："贝兔棋"的产品综合表现

● 提案方向三

"贝望镜"的设计思路展示：从儿童教育理念"由不同的视角看世界"着手，设计一款多角度观察事物的显微镜和潜望镜，如图4.29、图4.30所示。其造型语言借鉴了潜水艇的潜望镜和科学考察的南极企鹅张开翅膀的感觉，如图4.28所示。

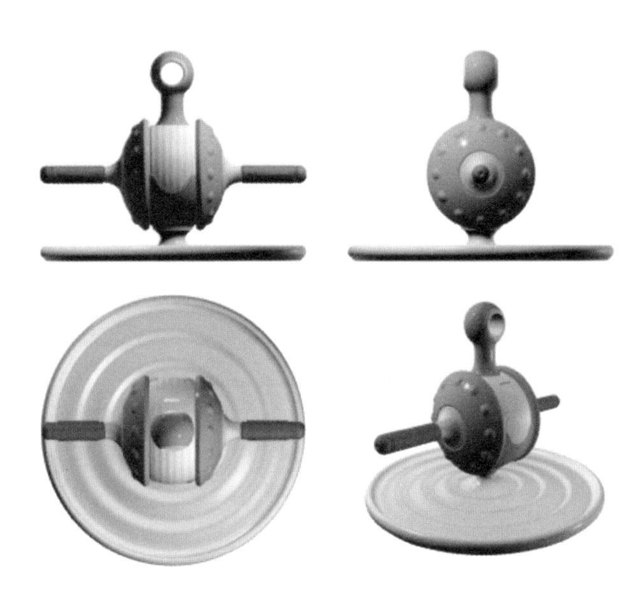

图4.28 提案三："贝望镜"的产品意向素材图

图4.29 提案三："贝望镜"的使用情境图

图4.30　提案三："贝望镜"的使用状态表现

第5章

视觉传达：产品与品牌推广的信息传达

- 最简短的娓娓道来
- 传播成就品牌
- 品牌推广与推广品开发

5 提纲摘要

第一节　最简短的娓娓道来

一、抓重点

1．分清主次、强调表现

2．重组信息、应用图解

二、形式应变：客观因素决定内容形式

三、开拓创新

1．打破思维方式、创新型应用手段

2．开创新思维、自己做蛋糕

四、一句话：产生共鸣

第二节　传播成就品牌

一、设计战略与品牌营销的关系

二、坚持有策略的创意传播

1．传播目的与任务

2．好创意必须坚持的八个方向

第三节　品牌推广与推广品开发

一、品牌推广的传播要素

二、品牌推广品的产品开发案例：网络育儿媒体品牌衍生产品开发

1．育儿媒体的品牌衍生需求

2．儿童品牌的要素分析

3．儿童品牌衍生产品开发思路及方向

4．网络育儿媒体的品牌衍生产品开发策略

5．结语

第一节　最简短的娓娓道来

当设计作品完成后通过视觉传达的环节进行表现时，通常会在数据整合的基础上取舍关键要素并组织画面，以达到具备吸引阅读的效果。

一、抓重点

1. 分清主次、强调表现

产品设计作品通常借助手绘实现初步的沟通与展示。手绘作品往往是千万张基础训练磨炼出的游刃有余。而在技法表现之前，还是需要头脑的信息系统先行运转对即将表达的信息量进行主次筛选。如图5.1所示，该方案的核心要素为运动鞋的系带方式，所以将鞋体用简洁的黑白灰处理，衬托出红色区域的绑带卡扣设计。即思维先行、分清主次、强调核心表达内容进行表现。

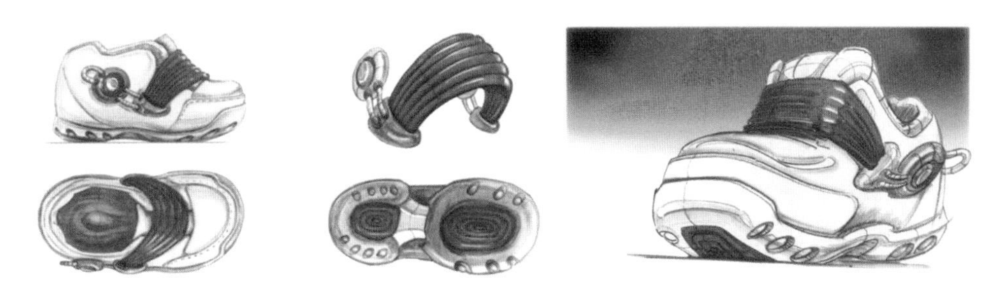

图5.1　运动鞋系带方式手绘效果图

2. 重组信息、应用图解

该阶段的表达目标是“清晰地”诠释产品的核心创新点。往往一件造型相对复杂的产品进行概念陈述时，会因为其复杂的造型语言干扰“说明信息”的识别速度，这就需要我们整理信息并应用某种分类方式将两类信息进行有效的区分。

如图5.2所示，图面将工具车原图进行了降低色彩饱和度的处理，突出色彩鲜艳的箭头等符号，就是一种便捷的信息提取方式，是图解表达中非常常见的一种表达方式。

图5.2　可转头装载货车图解示意图

二、形式应变：客观因素决定内容形式

产品信息的传达不是单向的输出，而是产品与用户彼此的交流。这跟交流时长、地点和媒介等都有直接关系，就像一张海报与逐张播放的幻灯片，会根据内

容主次调整表达形式。如图5.3—图5.6所示，一步步吸引读者的娓娓道来可以更好地吸引读者跟随画外音探究下一张的奥秘，其中图5.5是与工具无关的画面，恰恰是为观众作了“留白”，既留出了思考的空间，也是一种沟通互动的体现。

图5.3　画外音：这是什么？

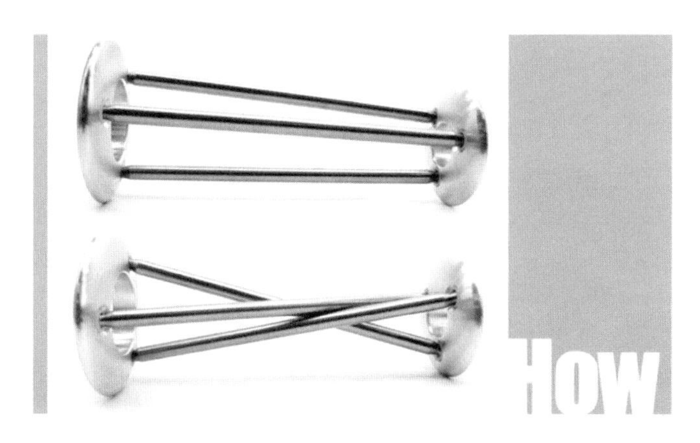

图5.4　画外音：这个怎么用？

图5.5　画外音：这是一种为这些核桃服务的工具

图5.6　画外音：原来如此

三、开拓创新

1. 打破思维方式、创新型应用手段

拓新应是建立在相对坚实的基础上展开的全新尝试，而非凭空的天马行空。这就需要基于对目标人群的分析研究，了解具体行为方式，展开大胆创意，开拓全新思维方式，并实现项目策划。

2. 开创新思维、自己做蛋糕

拓新的另一个维度是对需求领域的开拓与创新，这一需求可能会打破原有的表象平静，引导一种全新的行为方式与认知方向，继而引领新的潮流风向标。这种拓新体现在视觉传达中应是引人驻足并启发思考的视觉语言。如图5.7所示就是突破材质硬度与重力关系，实现苹果与桌面的互动，使人产生将苹果对位放置的下意识行为，也是一种寓意上的拓新。

图5.7 下意识桌面设计启示

四、一句话：产生共鸣

产品设计区别于展示、景观等需要身临其境的处处惊喜，产品创新只要有一个核心特点就可以被消费者记住。抓核心、抓卖点是产品综合设计表达非常重要的基础文案。如图5.8所示，一句“褪尽浮华、钢显本色”找准了追求厚重手感与质感的目标人群，实现了较好的产品推荐。

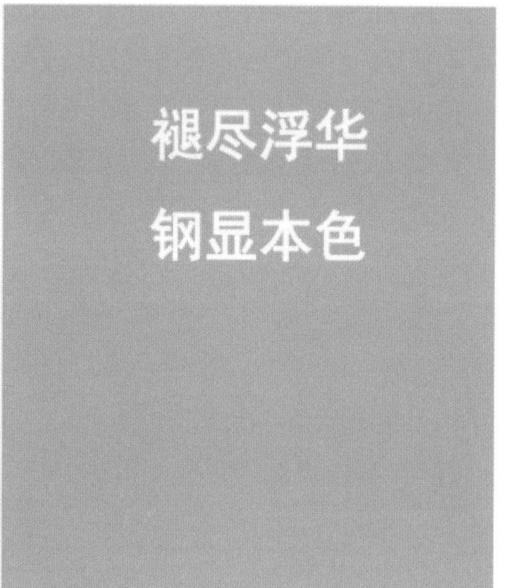

图5.8　某手机广告语展示

第二节 传播成就品牌

以前，企业之间的竞争体现在价格上；今天体现在质量上；未来将体现在品牌上。现今社会，酒香不怕巷子深的销售现象已很难发展，通过产品推广与使用体验成就品牌的品牌信息传播方式是必不可少的。产品设计相关的制造业品牌，需要年轻化，需要不断的创新驱动，需要经由设计师的手定位产品概念传达的“要害”坐标。

一、设计战略与品牌营销的关系

营销解决的是市场问题；品牌解决的是消费者忠诚度的问题；产品解决的是用户体验满意度的问题。设计师若想摆脱“美工”的绰号，就需要了解企业的品牌文化，了解企业的战略定位，而不单纯地做战术执行的被统治者。

战略就是如何围绕目标有效地整合资源；是以实现持久竞争优势为目标的一系列整合行动；就是首先做正确的事，而战术则只是把事情做正确。

——李光斗

图5.9通过分析产品、品牌、营销三者的关系，简述了设计战略与战略品牌管理两个领域的关系，其中设计战略是设计总监与企业决策层的沟通层面，也是每位产品设计师的职业目标。拓展阅读“设计战略”相关资料会更好地理解决策层的目标产品定位，也会更好地实现产品与品牌的相互促进与提升。

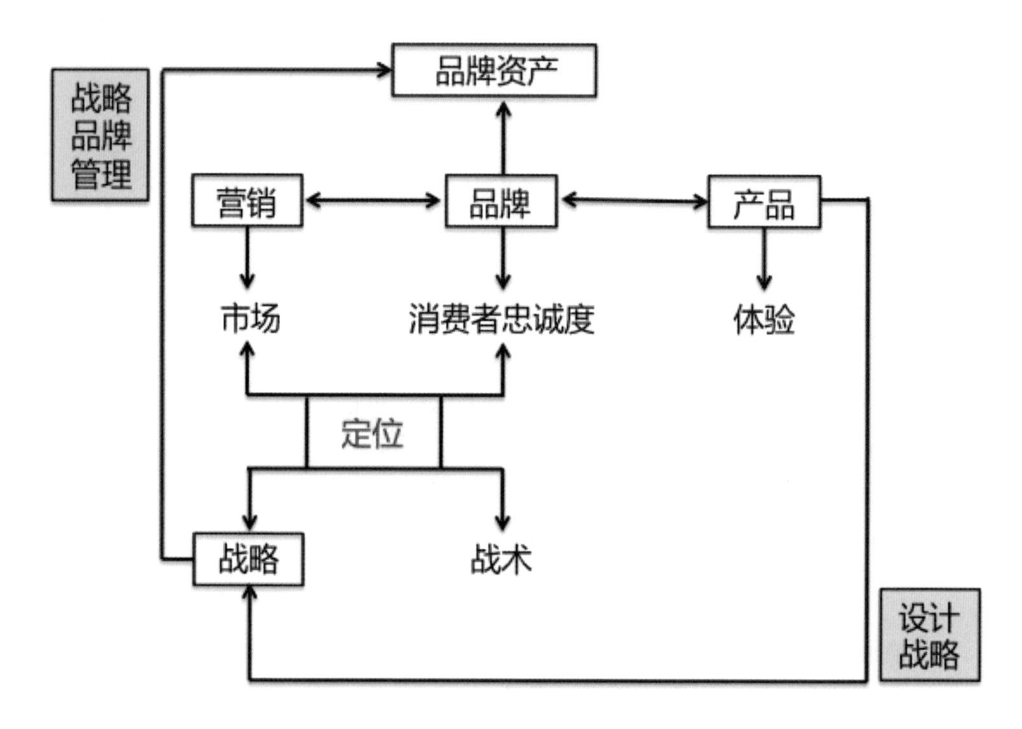

图5.9　产品、品牌、营销关系图

二、坚持有策略的创意传播

1. 传播目的与任务

品牌信息通常通过广告进行传播，广告目的就是建立该产品的消费理由。成功的广告策划必须要有明确的目标。每次广告创新的任务就是改变以往消费者对品牌的印象。传播目标必须要非常明确，否则再好的创意都会被用户丢弃。

2. 好创意必须坚持的八个方向

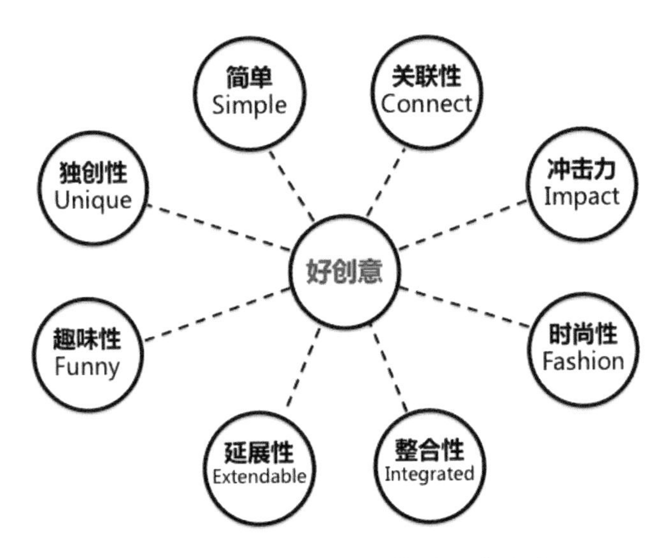

图5.10 好创意必须坚持的八个方向

我衷心的诉求：好广告应该是具有魅力、才情、品味、引人注目，并且不落俗套。

——大卫·奥格威（*David Ogilvy*）

第三节　品牌推广与推广品开发

一、品牌推广的传播要素

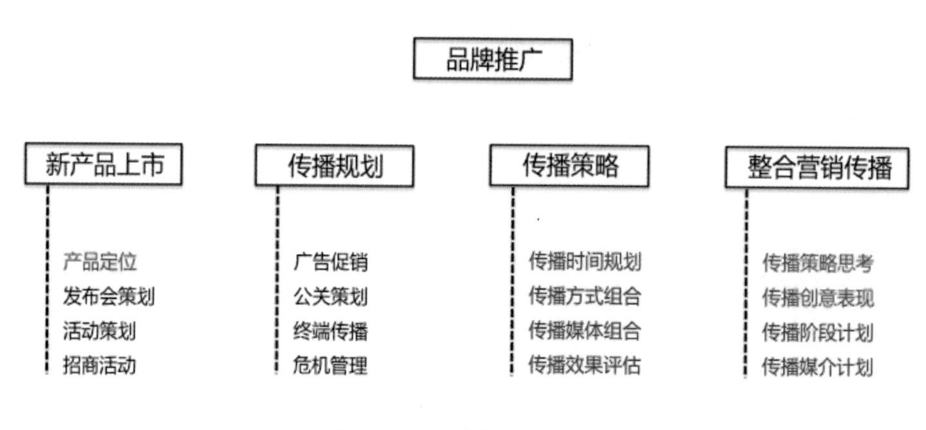

图5.11　品牌推广关系图

二、品牌推广品的产品开发案例：网络育儿媒体的品牌衍生产品开发

中国目前的0—6岁婴幼儿人数已经超过1亿，这些孩子的父母基本上出生于20世纪七八十年代，是中国乃至全世界历史上非常独特的“独生子女第一代”[1]。随着信息时代的飞速发展，网络先行的交互育儿方式正在普及并在寻求更深层次的真实互动。

纵观目前国内儿童市场及整个儿童产品设计行业的成功品牌及其匮乏，品牌

[1] 中国家庭育儿方式研究报告（孕妇和0—6岁儿童家庭）.[EB/OL].http://babytree.com/survey.

意识势在必行。发现机会开拓新的发展方向成为儿童产品品牌开发商必须应对的问题。与此同时，网络育儿媒体需要真实的衍生产品带动品牌效应传达品牌理念以感染潜在用户，而设计师散碎的产品创意也恰恰需要高密度用户的品牌协同和验证。两者结合将是验证品牌与产品双赢的儿童产品开发思路的有效途径。

1. 育儿媒体的品牌衍生需求

a. 概念界定

育儿媒体，即育儿行业新媒体，泛指育儿主题的互联网平台。

品牌衍生产品，即将该品牌的品牌印象、品牌体验，凝固到某个产品载体上，已实现品牌推广和体验的延伸。本节中的衍生产品泛指玩具类实体产品。

b. 网络育儿媒体的品牌衍生需求

网络育儿媒体是一款借助虚拟平台呈现的特殊产品，其看得见、摸不着、有体验、能迷恋却必须借助虚拟载体实现体验，开发其有形载体可以使用户在网络体验之后继续感受和参与到品牌精神赋予的产品体验。

媒体的品牌需求是毋庸置疑的，品牌的推广方式则百花齐放。励志行业权威媒体的媒体品牌应将其品牌衍生产品作为品牌延伸的重要方向，通过设计提升品牌分量。

c. 品牌衍生产品的产品定位

本文所指的“育儿媒体的品牌衍生产品开发”，既不是单纯的产品改良设计研究，也不是常规的品牌VI设计，而是通过资源的整合、互补，发现需求后对产品存在方式的挑战。

2. 儿童品牌的要素分析

a. 儿童品牌推广的设计需求与方向

儿童的兴趣是儿童品牌的钥匙，孩子喜欢什么样的品牌，需要以能否吸引孩子的想象力为标准。儿童品牌更需要精神层面的品牌灵魂。

首先，儿童品牌需要“美丽的传说”，赋予品牌联想，如芭比娃娃、真真女孩。其次，成功的儿童品牌需要文化的支撑，体现为品牌理念或设计师文化的传达。品牌文化需通过推广载体予以传播，儿童品牌的品牌推广存在迫切需求。

b. 成功儿童品牌的评价标准

了解成功儿童品牌的评价标准是指导设计方向的前提。成功的儿童品牌可以愉悦身心、开发智力、激发孩子了解未知的事物；成功的儿童品牌需使儿童增长知识，了解外部世界及自身，借以培养其公平意识、道德观念以适应未来更加广阔的世界；成功的儿童品牌应满足孩子的好奇心，良好的设计应内容丰富、外表美观、富有意义且贯穿始终。[1]

与此相反，成功的儿童品牌禁忌居高临下地对待孩子和儿童产品。例如，各个年龄段的孩子都渴望自己更成熟——专业人士称这种现象为“年龄段压缩”。[2]在孩子的心目中，艳丽的色彩是属于婴儿的，所以儿童品牌设计不应色彩艳丽而怪诞。与孩子的良好沟通需要不断地研究和观察，不能以经验范围内的个案人群而偏信，切忌武断。儿童产品因为受众的特殊性，具有责任价值。通过设计给孩子身心以启迪，从中得到的感情回报是不可估量的。

3. 儿童品牌衍生产品开发思路及方向

a. 明确品牌信息，承载育儿使命

古人云：“遗子千金，不如遗子一经”。儿童产品的品牌价值正在于此。依托品牌，把握宏观设计理念。首先，品牌就是产品，但它是加上其他各种特性的产品，以便使其以某种方式区别于其他用来满足同样需求的产品[3]。其次，品牌是消费者选择产品时的一种简洁的标准和工具[4]。最后，品牌的定位与内容就是产品的定位与内容，两者虽相互依存，但成功的品牌先于产品且高于产品，所以研究产品的设计开发应先理清品牌理念再着手。

b. 锁定目标用户，分析群体特征

通过对华东师范大学心理学院培训中心的《中国家庭育儿方式研究报告》分析及各育儿网站后台数据库调查统计可知，网络、分享、时尚是该人群的特征关键词。在0—6岁的婴幼儿用户群中，3岁阶段的家庭用户活跃度、新增注册量和消费额度均高于0—2岁和4—6岁家庭，形成用户重视的高峰区域，是网络媒体拓

[1] [美]费希尔·凯瑟琳.儿童产品设计攻略[M].上海：上海人民美术出版社，2003：118.

[2] 罗碧娟.儿童产品的人性化设计[J].包装工程，2006,27（1）：213-214.

[3] [美]凯文·莱恩·凯勒.战略品牌管理[M].北京：中国人民大学出版社，2007.

[4] Keith Naughton. The Ralph Lauren of Car Dealers[J]. *Business Week*. 20 November 1995, 151.

展和推广的最有效年龄段。所以，产品推广的最有效目标用户是2—4岁年龄段的幼儿家庭，且该年龄段孩子的主体意识渐渐形成，能够简单的通过肢体语言和词组表达自己的意愿，是智力和潜能开发的重要转折期。

该年龄段家庭的父母是孩子生活形态的主要决策者，也是主导消费配合游戏的儿童产品潜在用户。了解潜在用户群的生活形态指导直接用户的产品设计是儿童产品设计独特的用户研究方法。了解其潜在人群的生活形态既是对该年龄段儿童的生活形态研究。

c. 类比儿童玩具，探索开发方向

目前市场以玩具为主的儿童产品大致分为实体玩具和虚拟产品两大类。

实体玩具多以游戏为背景，可以将游戏划分为创造性游戏和规则性游戏[1]。在创造性游戏中多以角色扮演游戏和结构性游戏为代表性游戏，并以游戏为基础开发出如过家家、积木等适合各低龄段的、经久不衰的玩具道具。而规则性游戏多以体育游戏、智力游戏、音乐游戏为代表制定游戏规则并开发一系列相关游戏道具。可见游戏是儿童玩具产生和发展的幕后灵魂，感悟孩子的想象空间是儿童产品设计师的必备功课。

虚拟衍生产品的成功案例多为传统媒体中的动画、漫画形象衍生出相关品牌，如米奇、芭比娃娃、变形金刚等。案例证明，具备鲜明且鲜活的品牌文化的品牌衍生产品，将获得忠实的用户群并经得起时间的考验为童年留下深刻的烙印。

相较平面宣传品等品牌推广途径，儿童品牌需要更真切的产品互动体验。以玩具属性为设计方向的品牌推广产品将是指导下一步设计的航标。

4. 网络育儿媒体的品牌衍生产品开发策略

以“源于同一品牌理念的儿童相关产品”这一设计思路指导设计开展。

a. 兼具推广品与游戏道具的共有属性

针对潜在用户，以网络产品的线下推广品为目标，分为生活用品和生活饰品两个方向，考虑到该项目的产品目标，以潜在用户操作借以营造氛围的生活饰品

[1] 曹中平.儿童游戏论[M].银川：宁夏人民出版社，1999.

将是品牌推广的第一步，也是轻松、有效将品牌形象传达给目标用户的产品途径。针对直接用户，以游戏道具存在的儿童玩具将是创造性游戏开发和推广的有效途径。该类产品可由想象力的启发为源头向结构性游戏和角色扮演游戏两个方向探索，寻找产品突破的可能性。

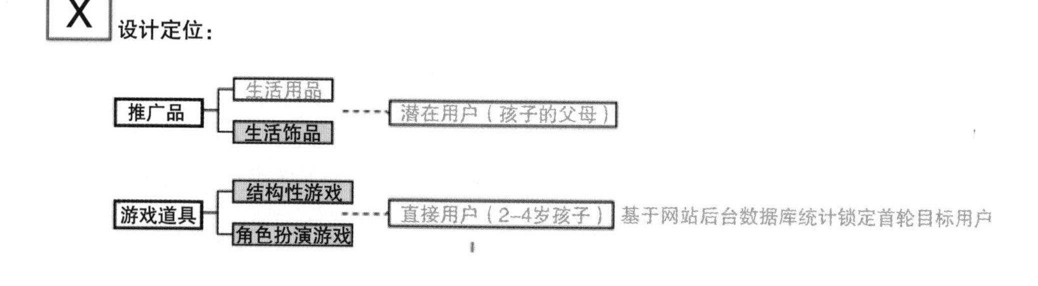

图5.12　设计方向定位

b. 兼具产品属性和网络虚拟属性

应用媒体的用户黏度和真实性配合并指导儿童产品设计是产品开发和存在方式的创新。借媒体平台的用户基数优势推广品牌衍生产品的销售，再借产品的普及和应用提升媒体平台的品牌影响力，并在两者的相互转换间找到“联筋”效应，实现商品存在方式的探索。

其中，网络积分针对潜在用户对网络的依赖特征，挖掘其积分文化开创新的产品消费模式，是一个差位竞争的途径。针对直接用户2—4岁儿童的成长特征，提炼出培养其参与性、操作技能、非常规视角思考、想象力和肢体协调力的产品设计方向，并指导系列产品的设计开发。

c. 感官到心智的递进式体验

尝试用开发品牌推广品的思路引导儿童玩具产品的开发应该是一条双赢并易于验证的设计方法。以本地化育儿媒体“大连贝贝在线”为例，其品牌理念为“相约，我们一起长大的约定”，共同的参与性是其品牌的核心。推广计划及设计方向可划分为三个阶段：

第一阶段，产品特征为视觉刺激、强化记忆，针对家庭消费的主要决策者设计平面视觉的产品化方案。其中，模块是具有可组成系统、良好的可重用性和完整接口的单元[1]。（如图2，贝扣环。品牌形象的直观延伸，适合于父母协助操作并应用于家庭环境的拼插式隔断。）

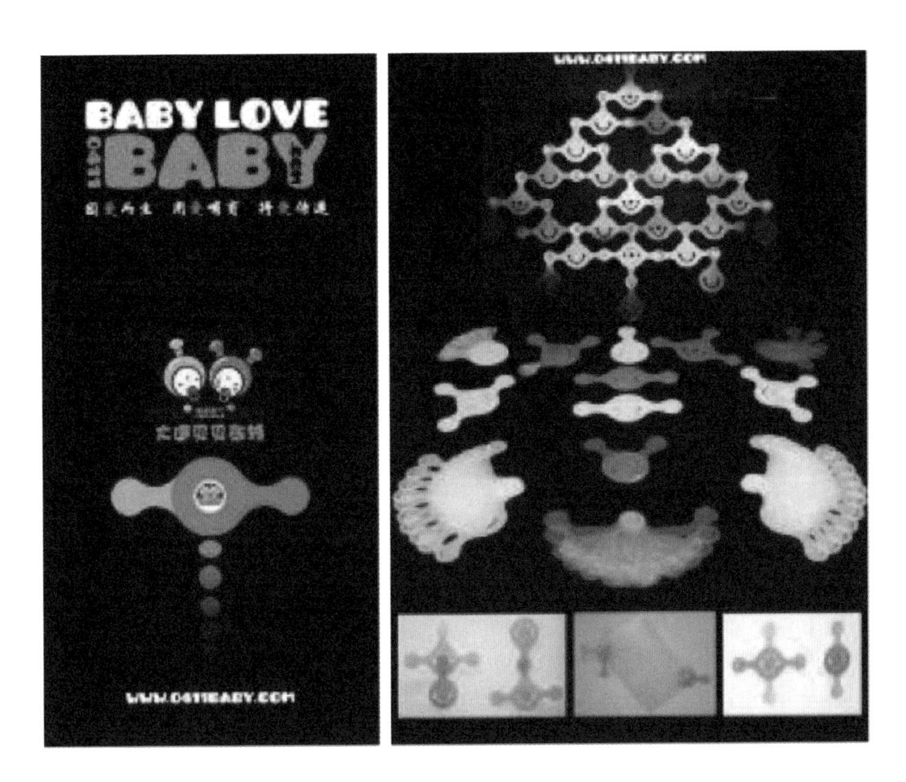

图5.13 贝扣环

第二阶段，其产品特征为感知成长、开发潜能，3岁左右年龄段孩子处于自我意识的转折时期，占有与分享、规则意识等是该阶段培养的重点，手指灵活度的训练也是该阶段不可或缺的必修课。针对该年龄段开发多使用周期的参与性产品是可行的设计方向。（如图3，贝兔棋。针对2—4岁成长特征开发出不同成长

[1] 李梦奇，谢志江.模块化设计在包装机械设计中的应用[J].家具，2009，10(5):58-63.

周期的玩法 。品牌形象衍生出棋盘造型，拟人思路衍生出兔子造型的棋子，玩具道具的功能属性指导“贝兔棋”兼具拼插游戏、九子棋游戏和角色扮演的功能特征。同时，通过网络积分换购“球叉”插件，可使几户孩子共同参与到大型拼插游戏中，锻炼其三维造型能力与协作能力。）

图5.14　贝兔棋

第三阶段，其产品特征为理解内涵、公益回馈，着重开发能够直观转达品牌理念“结伴成长”的公益性产品，已实现企业的社会价值。（如图4，贝望镜：培养孩子从不同视角看世界的习惯。针对孩子渴望长大的心理特点，开发角色扮演玩具——兼具望远镜、显微镜、多视角潜望镜等可通过网络兑换实现组件拓展，同时在非玩具状态呈现托盘、理财储币等通用产品属性。适合于家庭或孩子经常活动的室内公共场所陈列。）

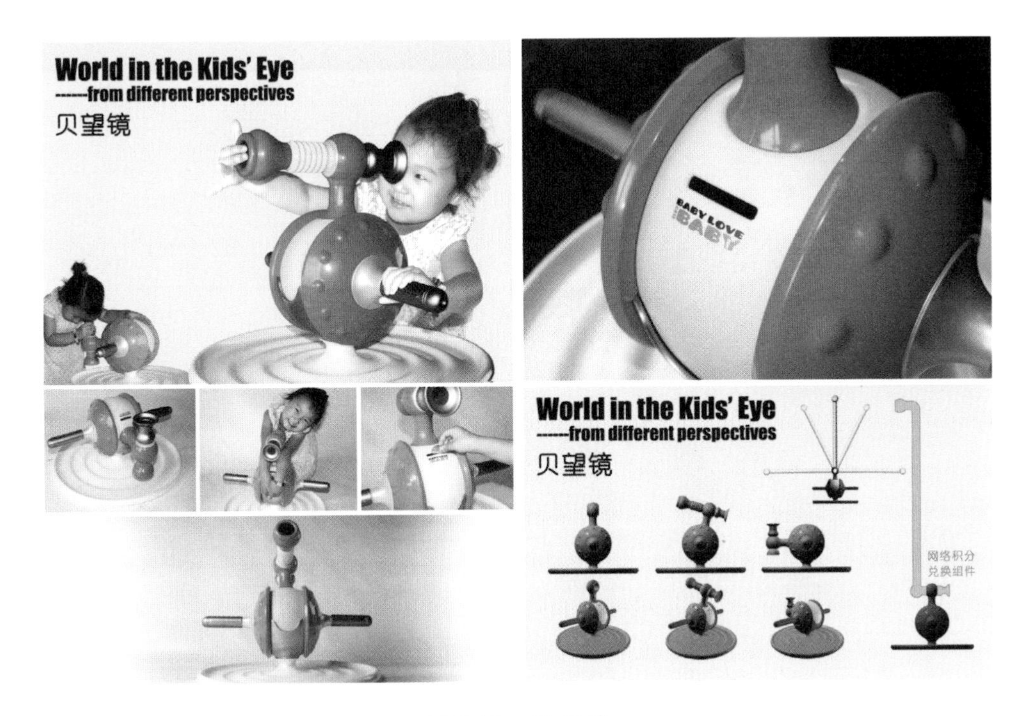

图5.15 贝望镜

5. 结语

品牌是产品的灵魂，是产品与消费者之间的沟通桥梁。儿童是社会的未来，设计产品给现在的孩子等于创造未来的文化。依托品牌，重塑和传颂真正有社会价值的文化理念是从宏观应用生态设计理念的首要环节[1]。

儿童产品的设计思路需要新的突破口，中国的儿童品牌需要产业链的支撑，尝试依托育儿媒体统一设计语言与设计理念共同作用的儿童产品开发思路，是对该行业创新模式的探索。这里提出的设计角度仅仅是作为一种努力的探索，希望能为更多的行业设计师和设计领域的学生的设计实践提供一个借鉴，提供一种由品牌创新传达设计哲学的思考途径。

[1] 许坤，包海默，张辉.儿童用品的生态设计思路[J].美术大观，2010，4：118.

第6章

用户体验：产品体验设计的信息构建

- 以用户为中心的产品概念设计和传达
- 产品体验的信息构建
- 用户体验与信息可视化

6 提纲摘要

第一节　以用户为中心的产品概念设计和传达

一、用户体验与概念设定

二、概念设计与传达

三、谏言

第二节　产品体验的信息构建

一、产品体验与信息构建的必然联系

1. 产品体验设计

2. 产品的信息构建需求

二、信息构建在产品创新过程中的应用

1. 信息构建是产品基础信息传递给用户的必经之路

2. 产品信息与设计师的“收缩式”对话

3. 设计师与用户的“共鸣式”对话

三、精准的产品信息构建依靠设计师对用户认知可能性的把握

四、产品信息可视化是设计师与用户共鸣的必备工具

1. 产品信息可视化的学科背景

2. 认知心理学在产品信息可视化设计中的应用

3. 信息可视化对产品体验起积极作用

五、产品体验的信息构建思路指导产品创新可行性总结

1. 产品创新源于信息构建中的非常规思维

2. 产品体验设计师的人才储备

第三节　用户体验与信息可视化

第一节 以用户为中心的产品概念设计和传达

一、用户体验与概念设定

要提供良好的用户体验，首先要了解用户，用户研究是要贯穿整个生命周期的。

在产品开发的过程中，概念设定是了解用户较好的途径。设计师首先要分析角色：谁是用户，产品使用的背景、动机、特性、情景、行为、目标、习惯、期望等信息，进而对目标用户进行全面而综合的分析。

概念设定是一种将产品还原到使用情境中进行模拟测试和发现潜在问题的较好途径，是了解全局的“城市地图”，其任务执行团队或个人须具备问题捕捉、概念扩展、数据分析和概念描述的综合能力。

二、概念设计与传达

概念设计是由分析用户需求到生成概念产品的一系列有序的、可组织的、有目标的设计活动，它表现为一个由粗到精、由模糊到清晰、由抽象到具体的不断进化的过程。

产品的概念设计和传达具有同时面对用户与开发团队的双向目标。一方面模拟最终产品，解决焦点问题，提出定位和需求；另一方面通过预演，使团队间相互沟通，避免后期开发设计过程中的矛盾，尽量达成共识。

概念设计是产品综合设计表达的基础工程；是产品诞生之前的内部沟通工具；是角色设定之后的承载项目；是视觉语言介入之前的逻辑工程。它的形式可图、可文、可模型、可情景互动。只要把握一个原则：以用户的产品体验为出发点梳理信息，即是产品体验的信息构建过程。

三、谏言

优秀的产品设计师或团队在进行细节设计之前，应先解答几个问题：

1. 为什么要做这款产品？
2. 这款产品能为用户做什么？
3. 用户怎么使用？

最终，设计出操作感觉良好的“好用”产品，才是“以用户为中心”的产品设计和信息传达。

第二节　产品体验的信息构建

随着工业时代向信息时代的演进，产品设计已不单单是形式与功能范畴的改良创新，正在向一个全新未知的社会行为领域迈进。昔日的商品经济正在被体验经济所取代，使产品创新的评价标准日益模糊，实体创新正处于瓶颈期。产品体验作为体验经济的先行军，将直接带动产品创新的趋势，人才需求也逐日剧增。但目前国内能够胜任产品体验研究工作的科班人才急缺。追根溯源，本文将从产品创新的组织过程中寻找答案。

一、产品体验与信息构建的必然联系

1. 产品体验设计

产品体验设计是将用户的参与融入设计中。一般情况下，“设计”是主体，“体验”放在前面以示强调。产品设计的受众是用户，所以不管是开发任何产品，都要为用户着想。体验设计的目的就是在设计的产品或服务中融入更多人性化的东西，让用户能更便捷地使用，更加符合用户的操作习惯。

2. 产品的信息构建需求

信息构建，是对信息环境、信息空间或信息体系结构的组织和再设计。产品的信息构建是信息用户、信息内容、信息组织三者的交集，其核心理念是关注用户。产品的信息内容通过设计开发过程与用户体验过程加工出炉，本文将着重分析产品终端的物人关系的交互体验过程内容。

二、信息构建在产品创新过程中的应用

1. 信息构建是产品基础信息传递给用户的必经之路

产品基础信息包括从筹划、调研、比较、采购等各个环节的信息内容，是由

多方协作的信息采集和整理过程。设计师的首要任务就是统筹以上产品基础信息组织加工使其产生质变，最终依托设计师对未知用户行为需求和心理需求进行判断，最终设计出具有创新特质的优质产品体验。

终端产品信息大致可分为“操作信息”和“联想信息”两部分。操作信息多为由操作界面或操作系统呈现的认知引导、认知互动及认知反馈过程内容；联想操作多为生活经验、思维方式及情绪等引导的抽象信息内容。两者共同作用，成就产品的用户体验，进而提升产品的品牌信息积累。

2. 产品信息与设计师的“收缩式”对话

繁杂的产品信息需在设计工作室中完成向设计师的输出和转化，但在这一过程中设计师是主厨。首先，前期采集的基础信息源头不同，有来自企业综合规划的指导方向；有新产品、新技术、新材料的革新冲击；有市场定位人群的行为需求，更有信息传达过程中经手人的主观思维等。以上信息都需加工翻译成设计师的语言指导设计。其次，设计师需从中捕捉闪光点分类加工，进行信息的组织构建，最终通过图解分析的方式实现“收缩式”对话。

3. 设计师与用户的“共鸣式”对话

在组织产品信息构建的同时也是对用户信息框架营造的过程，是最容易激发创新思维的过程。正如理查德·沃尔曼（Richard Saul Wurman）所说：“每一个着眼点以及组织模式，都能给人一种全新的结构。同时，每一种新的结构也将使你理解出一种不同的意义，并且作为一种新的分类方法使整个事物能够被人掌握和理解”。在思维方式的应用中，应以通常人们都具有的思维方式和行为特点作为设计的基础，寻找共性情绪。

产品的核心卖点是产品与用户的高效短时对话。如图6.1所示，极小的设计改动足以通过联想传达“爱你五百年”的潜台词信息，是类人群共同文化、共同经历、共同事件的共性认知。如何精准、对症又极具吸引力地释放产品信息是产品设计和产品终端设计需要共同解决的问题。其评价标准就是“共鸣”点，也是设计输出过程中团队合作的接力棒。

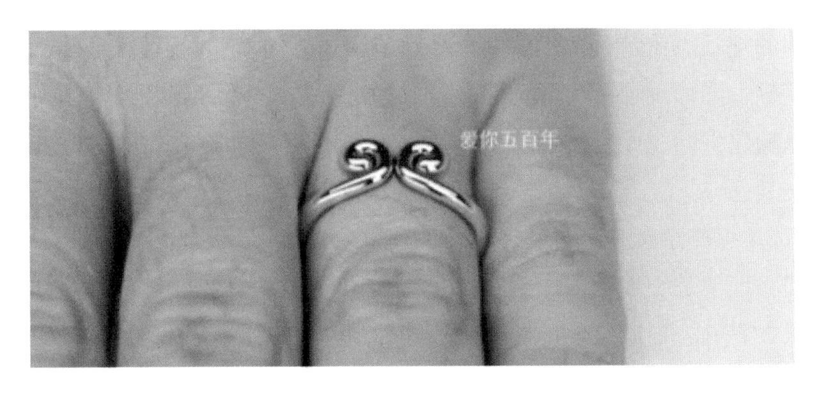

图6.1 “爱你五百年”寓意戒指

三、精准的产品信息构建依靠设计师对用户认知可能性的把握

用户拿到新产品进行体验的过程是一个对新事物的学习过程。设计师必须提前预知、模拟用户体验方式并进行验证测试。这个过程不能单靠一个设计师单兵作战，而需要一个多学科背景的设计团队协调调度，才能实现精准并具有可操作性。

产品信息表达是将信息的抽象内容、系统进行产出的过程。它首先要在这个产出过程中将信息划分为基础资料技术信息、提示性信息和指示性信息三类。再从分类信息中提取出用户对接的内容，然后在充分考虑用户的知识结构的前提下设计出最适合的视觉化、触觉化、听觉化或味觉化呈现方式，最终还原到产品的操作界面以实现用户视觉经验的心理传达。

四、产品信息可视化是设计师与用户共鸣的必备工具

1. 产品信息可视化的学科背景

对一个产品的体验，并不单纯是形式与功能的设计体验，更是有着文化、社会、历史等多个维度的复合体验[1]。这种体验通过产品信息的可视化实现用户与

[1] UCDChina. UCD火花集——有效的互联网产品设计 交互/信息设计 用户研究讨论[M]. 北京：人民邮电出版社，2009.

产品之间的交互。信息可视化的两大基础是认知心理学和图形设计，认知心理学是理论基础，图形设计由“信息构建”支撑是实践操作。所以研究认知心理学在产品信息构建中的应用是实现信息可视化的前提，并对最终实现精准的产品体验有指导意义。

2. 认知心理学在产品信息可视化设计中的应用

认知心理学是心理学与邻近学科交叉渗透的产物。语言学对认知心理学的发展就有很大影响。在应用设计领域，认知心理学更是透析了“物人关系”的设计问题，且直接表象为“人机界面”的设计问题。设计应满足用户需求，意味着应该满足用户的直觉需求、认知需求、操作动作需求和情绪需求[1]。认知在我们的生活中不可缺少，我们做每件事情都需要认知的参与，跨学科的交叉应用是认知心理学发展与验证的必经之路。产品通过认知操作解决问题，解决问题的方式往往被惯性思维施以定式，如儿童摄影的抓镜问题通常由辅助人员人工吸引。但溯源思考，问题的关键在于现场可识别的目标物众多，缺少针对该年龄段认知特点的视觉目标。如图6.2所示，对镜头加以处理，即可在情理之中有意外的收获。

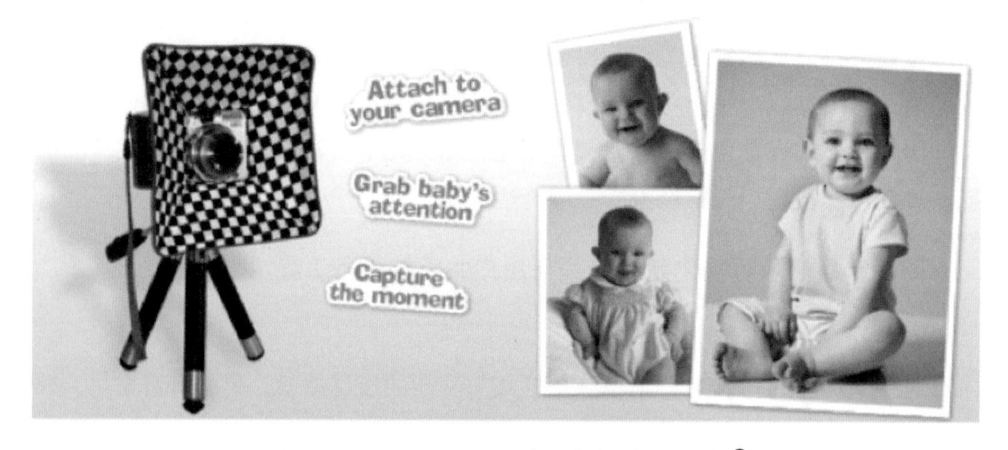

图6.2　Shutter Buddy（一款摄影附件）[2]

[1] 李乐山.工业设计心理学[M]. 北京:高等教育出版社，2004.

[2] http://bbs.feng.com/read-htm-tid-563546.html.

3. 信息可视化对产品体验起积极作用

如图6.3为例，针对儿童未健全的抽象思维能力设计的“连线月历”是对儿童的好奇心及抽象记忆的很好诠释。儿童在完成月历秩序连线的同时也展开了思维想象的空间。想象是对头脑中的表象进行加工改造，重新组合新形象的心理过程；幼儿的思维也是借助于头脑中的表象性动作，模拟解决问题的心理活动[1]。这一套心理串联反应实现了该产品的信息传达及存在意义。

图6.3 连线月历

---

[1] 陈帼眉，冯晓霞，庞丽娟.学前儿童发展心理学[M]. 北京:北京师范大学出版社，1995.

五、产品体验的信息构建思路指导产品创新可行性总结

1. 产品创新源于信息构建中的非常规思维

贡布里希曾说：在研究知觉时，我们比较容易感觉到习惯势力的作用，我们还易于接受熟悉的事物。这种容易性甚至能致使我们对预料之中的事物视而不见，因为人们往往不会意识到习惯的作用❶。这警示我们在应用及观察生活中的认知过程中要适当地跳出惯性思维以寻找秩序之上的突破。在信息纵横的时代若想让产品在琳琅满目的商品中脱颖而出，准确地将产品信息传达到目标用户的面前，需要设计师耐住性子从产品信息内容搜集着手，一步一步构建可与用户沟通的信息媒介，力求通过产品自身诠释产品属性及操作方式。“技术的进步，让我们关注信息的品质，我们要时刻充满感动的萌芽，去寻找一种崭新的可行沟通方法”❷，从而去创造一个新的和谐世界。

2. 产品体验设计师的人才储备

产品操作信息的标准识别性和文化信息的亲和性都是新产品能否成功的关键。通用性设计是工业时代设计师的理想，文化交流是信息时代人类共同的追求。借助跨学科的交叉融合尝试新思路的信息构建是实现交流的捷径。诺曼（Norman）先生曾提出一种观点：“大部分的设计不是由设计师完成的，而是由工程师、程式设计师或管理者完成的”这既是所谓的“沉默设计”❸。作为产品设计师，了解“沉默”背后的关联是促进合作、完善产品体验的必备条件。

产品设计开发过程是对人类生活方式微妙革新的过程，是一个基于理想的创作过程。产品体验设计是在此基础上的第四维度的心灵“共鸣”。需要多学科融合特质人才的参与和投入，以改善目前国内产品创新的思维瓶颈，真正实现体验经济时代的创新变革。

---

❶ 贡布里希.秩序感——装饰艺术的心理学研究[M].长沙:湖南科学技术出版社，2005.

❷ 原研哉.设计中的设计，济南：山东人民出版社，2006.

❸ 李砚祖.外国设计艺术经典论著选读（上、下册）[M].北京:清华大学出版社，2006.

第三节 用户体验与信息可视化

在技术革新的全球化趋势背景下，信息设计的应用更为广泛，涉及计算机、交通、医疗、教育等各行各业，其中设计应用领域是其转化输出的必经窗口。如平面设计、网站设计、游戏设计、产品设计、展示设计、景观设计等皆是其相互作用的核心领域。以实体交互的产品界面开发为例（如图6.4所示），从概念设定到完成项目的全程，用户需求是产品开发的战略定位，用户体验就是该产品的生命价值，信息设计是实现用户体验的骨架。

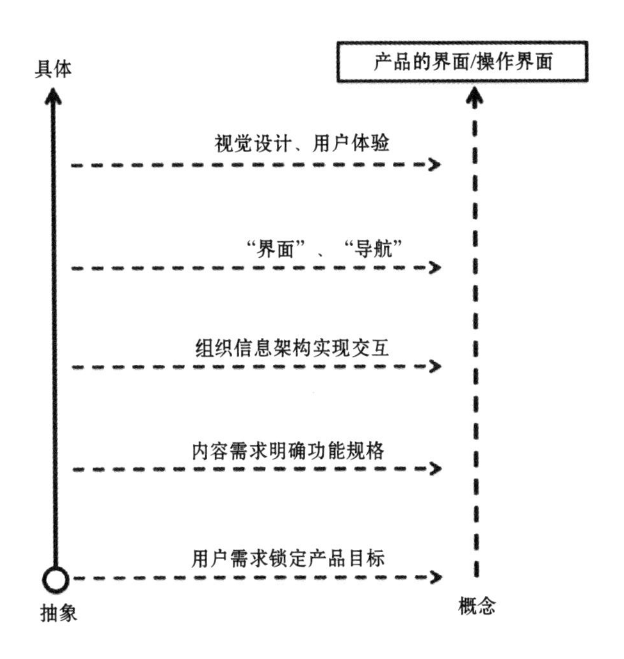

图6.4 产品界面设计的实现要素

随着用户体验概念的发展，跨行业人才的需求也倍增。产品设计师、产品体验师（支付宝）、互联网产品设计师、架构师、视觉设计师、跨媒体创作人等都是以用户为中心的体验设计职位。目前数字产品的革新时代充斥着设计行业，也新生了很多职业方向和行业间的专有名词，其中最值得一提的是UED[User Experience Design]用户体验设计。UED是进行产品策划的主力之一，其团队包括：交互设计师（Interaction Designer）、视觉设计师（Vision Designer）、用户体验设计师（User Experience Design）、用户界面设计师（User Interface Design）和前端开发工程师（Web Developer）等。其核心就是围绕信息的可读性展开的一系列设计互动。

第7章

聆听：学会观察、用心过滤

提问一：画面中你看到了什么？

●

图7.1　无题

●

“注意力”

观察的根本

表达的先驱

图7.2　第一题的注解

图7.1，需要我们仔细观察才会发现一个小黑点的存在，这个黑点聚焦了画面，成功吸引了观者的注意力。生活中有千千万万的细节在不经意间被我们忽视掉，这是造成设计素材与设计灵感匮乏的根源。“注意力”是观察的根本、表达的先驱，是设计师生活的重要组成部分，是设计及联想的原点。

在发现图7.1的小黑点后，我们会在脑中存在几个问号：这是什么？为什么存在？然后呢？……这时候关于黑点的联想就开始了。也许这是一个小球的剪影；也许这是一个乒乓球弹起后留下的痕迹；也许这是一个飘在空中渐行渐远的气球；也许它只是脏了而已……前人都说设计源于生活， 我们会发现设计中点滴事物的发散联想正是一场场头脑风暴，设计师就是要善于观察、善于联想、善于整理、善于表达。

提问二：画面中的车朝向何方行驶？

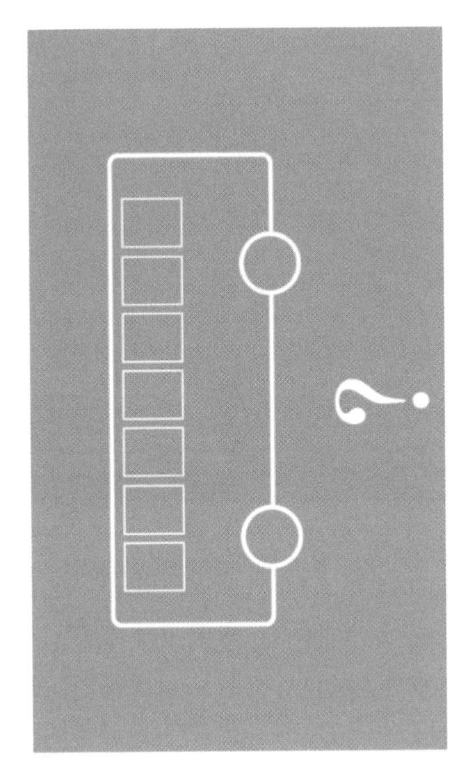

图7.3　完全对称的公共汽车简笔画

关于图7.3的画面，我曾做过大量的测试，结果是60%选择向左、40%选择向右，而同样一幅图儿童的选择是80%选择向左、20%选择向右。我要揭示的谜底是在中国的土地上，这辆公共汽车是向左行驶的，答案就是“车的这面没有车门……”。

这是一个观察经验的本能反应，孩子的判断更多是依靠直觉，大人则考虑画的细节或是印刷周边的干扰因素对它的影响，事实仅仅是我们北半球的公共汽车是右侧开门，这就是画面的信息点。

图7.4　源于自然地聆听

信息的组织需要严密的逻辑性，信息的可视化需要设计灵感的介入，灵感源于生活中的每一个细节常识的优化提炼，这就是我们本章要谈及的重点——聆听，让输出与给养同步。如图7.4所示，适当地放慢脚步，对身边事务稍有察觉，就会感受到些许不经意间的发现，就像这清晨绿叶上摇摇欲坠的露珠，它的下一秒会怎样？会发出什么样的源于自然的声音？都是我们用心聆听的对象。

聆听是设计的源泉，是沟通过程中必须遵守的约定。无论何种媒介的信息传达都并非信息的单向输出，聆听对方的需求与反馈是信息可视化应用在各领域的前提，也是产品设计师需要重新审视的角色视角。只有我们善于“聆听”才能避免枯燥乏味的灌输式表达，真正实现信息的有效传达。

图片引用说明

Picture Copyright Notice